Lotfi Grine

Prédiction des fuites dans les joints d'étanchéité

Lotfi Grine

Prédiction des fuites dans les joints d'étanchéité

Développement d'une approche hybride analytique-expérimentale pour caractériser la porosité des joints d'étanchéité

Presses Académiques Francophones

Impressum / Mentions légales

Bibliografische Information der Deutschen Nationalbibliothek: Die Deutsche Nationalbibliothek verzeichnet diese Publikation in der Deutschen Nationalbibliografie; detaillierte bibliografische Daten sind im Internet über http://dnb.d-nb.de abrufbar.
Alle in diesem Buch genannten Marken und Produktnamen unterliegen warenzeichen-, marken- oder patentrechtlichem Schutz bzw. sind Warenzeichen oder eingetragene Warenzeichen der jeweiligen Inhaber. Die Wiedergabe von Marken, Produktnamen, Gebrauchsnamen, Handelsnamen, Warenbezeichnungen u.s.w. in diesem Werk berechtigt auch ohne besondere Kennzeichnung nicht zu der Annahme, dass solche Namen im Sinne der Warenzeichen- und Markenschutzgesetzgebung als frei zu betrachten wären und daher von jedermann benutzt werden dürften.

Information bibliographique publiée par la Deutsche Nationalbibliothek: La Deutsche Nationalbibliothek inscrit cette publication à la Deutsche Nationalbibliografie; des données bibliographiques détaillées sont disponibles sur internet à l'adresse http://dnb.d-nb.de.
Toutes marques et noms de produits mentionnés dans ce livre demeurent sous la protection des marques, des marques déposées et des brevets, et sont des marques ou des marques déposées de leurs détenteurs respectifs. L'utilisation des marques, noms de produits, noms communs, noms commerciaux, descriptions de produits, etc, même sans qu'ils soient mentionnés de façon particulière dans ce livre ne signifie en aucune façon que ces noms peuvent être utilisés sans restriction à l'égard de la législation pour la protection des marques et des marques déposées et pourraient donc être utilisés par quiconque.

Coverbild / Photo de couverture: www.ingimage.com

Verlag / Editeur:
Presses Académiques Francophones
ist ein Imprint der / est une marque déposée de
OmniScriptum GmbH & Co. KG
Heinrich-Böcking-Str. 6-8, 66121 Saarbrücken, Deutschland / Allemagne
Email: info@presses-academiques.com

Herstellung: siehe letzte Seite /
Impression: voir la dernière page
ISBN: 978-3-8416-2425-3

II

III

PRÉSENTATION DU JURY

CETTE THÈSE A ÉTÉ ÉVALUÉE

PAR UN JURY COMPOSÉ DE :

Dr.Bouzid Abdel-Hakim, directeur de thèse
Département de génie mécanique à l'École de technologie supérieure

Dr.Robert Hausler, président du jury
Département de génie de la construction à l'École de technologie supérieure

Dr.Azzedine Soulaimani, membre du jury
Département de génie mécanique à l'École de technologie supérieure

Dr.Anh Dung Ngô, membre du jury
Département de génie mécanique à l'École de technologie supérieure

Dr.Ali Benmeddour, examinateur externe
Agent de recherche sénior/Aérodynamique d'aéronefs/CNRC-Aérospatiale
Conseil national de recherches Canada

ELLEA FAIT L'OBJET D'UNE SOUTENANCE DEVANT JURY ET
PUBLIC

LE 21 NOVEMBRE 2012

À L'ÉCOLE DE TECHNOLOGIE SUPÉRIEURE

IV

V

REMERCIEMENTS

Je tiens tout d'abord à remercier mon directeur, le Pr. Abdel-Hakim Bouzid de m'avoir donné l'opportunité de travailler avec lui et de bénéficier de son grande expertise dans le domaine d'étanchéité et de sa profonde expérience. Je le remercie également pour son soutien moral et financier, et le précieux temps qu'il m'a consacré.

Je remercie les membres du jury qui ont acceptés d'évaluer ce travail.

Au cours de cette période de recherche j'ai pu bénéficier, à différents moments, de support des techniciens et du personnel du département de génie mécanique pour la réalisation et la mise en marche des bancs d'essais. Que tous soient remerciés pour leur aide grandement appréciée.

Je tiens à exprimer ma gratitude à tous ceux que j'ai pu rencontrer à l'ÉTS et particulièrement mes amis.

Finalement, mes vifs remerciements s'adressent aussi à toute ma famille, mes parents, mon épouse pour sa patience et son soutien absolu, mes chères enfants Anès et Nada.

VI

PRÉDICTION DES FUITES GAZEUSES ET DES FUITES LIQUIDES DANS LES JOINTS D'ÉTANCHÉITÉ MICRO ET NANO-POREUX
Lotfi GRINE

RÉSUMÉ

Le joint d'étanchéité constitue l'élément névralgique de tout assemblage mécanique pressurisé. Un mauvais choix ou tout simplement l'utilisation non appropriée d'un joint d'étanchéité peut engendrer des fuites inacceptables ou des infiltrations d'agents contaminateurs pouvant être potentiellement dangereux pour les êtres humains et l'environnement. L'objectif de ces travaux de recherche consiste en la prédiction analytique des fuites gazeuses et des fuites liquides dans les joints d'étanchéité utilisés dans les assemblages à brides boulonnées. Après avoir étudié la nature de l'écoulement des fluides à travers les milieux poreux, tels que les joints d'étanchéité, notre attention se portera essentiellement sur la prédiction des fuites dans les assemblages à brides boulonnées pour plusieurs fluides, dont le comportement en étanchéité avec un fluide de référence (l'hélium) connu. Un banc d'essai expérimental a été réalisé afin d'analyser l'effet thermique, en plus de l'effet mécanique sur le régime d'écoulement des joints.

La contribution scientifique présentée dans ce rapport se scinde en trois parties. La première a pour objectif de proposer un modèle analytique capable de prédire les fuites de différents gaz en fonction d'un gaz de référence, tout en se basant sur l'identification de la structure interne du joint d'étanchéité. À partir de ce modèle analytique, une approche théorique a été adoptée dans le but de calculer les paramètres de porosité du joint, tels que le nombre et la taille des chemins de fuites. Nous avons défini les conditions limites nécessaires à l'établissement d'un modèle basé sur un régime d'écoulement glissant du premier ordre et à l'exploitation théorique de ce modèle. Pour ce faire, des tests ont été effectués grâce à un banc d'essai illustrant fidèlement un assemblage de brides boulonnées, piloté par un programme développé à l'aide du logiciel Labview. Les études effectuées pour la prédiction des fuites à travers le joint d'étanchéité se sont limitées aux gaz.

Dans la deuxième partie, notre objectif consiste à prédire le taux de fuite, en portant une attention particulière aux liquides. Cette prédiction se fonde sur des mesures expérimentales de micro écoulements gazeux. Nous proposons ici une modélisation analytique pour prédire de débit de fuite, à partir de la théorie de Navier-Stokes. Le développement d'une technique de mesure de

VIII

fuites dans le cas des fuites liquides a été nécessaire pour réussir cette section de l'analyse.

Dans la dernière partie de cette étude, le défi était d'étendre et de valider l'applicabilité du modèle théorique basé sur un régime d'écoulement glissant et sur la prédiction des fuites gazeuses à travers les joints d'étanchéités, tout en considérant le changement de porosité du joint et de la viscosité du fluide sur le niveau d'étanchéité à la suite de l'augmentation de la température. L'approche analytique a été utilisée pour caractériser la structure interne du joint d'étanchéité développé dans la première partie de cette étude. Plusieurs essais préliminaires ont été effectués afin d'acquérir une meilleure compréhension de l'écoulement à travers un milieu poreux et à partir de différents processus intervenant lors d'une mesure de fuite.

La maîtrise parfaite de l'ensemble de la chaîne des mesures assure la qualité de nos résultats de mesures. C'est pourquoi une méthodologie particulière d'essais a été adoptée pour chaque partie de l'étude, afin de réussir les tests. La démarche expérimentale a permis d'une part de valider les résultats théoriques, et d'autre part d'éclaircir le phénomène d'étanchéité maximale adopté par le joint lorsque celui-ci est soumis à un niveau de contrainte élevé. Ce phénomène est communément appelé "Tightness hardening".

À partir du modèle obtenu, nous avons été en mesure de dégager une analyse plus détaillée dans le but de caractériser l'étanchéité d'un joint en fonction de la différence de pression, de la température et de la contrainte sur le joint, tout en modélisant la structure du joint soit par un réseau de capillaires rectilignes ou un ensemble de couches annulaires.

Mots-clés : brides boulonnées, fuites, étanchéité, modèle de prédiction de fuite, régimes d'écoulement.

PREDICTION OF GASEOUS LEAK AND LIQUIDS LEAK IN GASKETS MICRO AND NANO-POROUS

Lotfi GRINE

ABSTRACT

The gasket is the central element of any pressurized mechanical assembly. A bad choice or simply a misuse of a gasket can cause unacceptable leakage or seepage of contaminants that can potentially be dangerous to humans and the environment.

The objective of this research work is to predict gas leaks and liquid leaks through gaskets used in bolted joints. After studying the nature of fluid flow through gaskets considered as porous media, our attention was essentially focused on the prediction of leaks in a gasketed joint with several fluids, based on a known behavior with a reference fluid (helium). An experimental test rig was developed to study the flow regime due to the porosity change of the gasket as a result of mechanical and thermal loads. The scientific contributions presented in this report are divided into three parts. The first part of the study aims to propose an analytical model that predicts the leakage of various gases based on leakage measurements of a reference gas from which the porosity parameters of the gasket are deduced. Based on the analytical model and leakage measurements, the number and size of the leak paths are determined. Boundary conditions necessary to establish a model based on a slip flow regime of the first order theory have been adopted to exploit the analytical model. Tests are also performed using a test rig that accurately reproduces the real leakage behavior of a bolted flange joint assembly that runs under Labview programing.

The studies related to the prediction of leakage through porous gaskets have been limited to the use of gases as a fluid media. In the second part, emphasis will be put towards the prediction of leakage using liquids as a fluid media. The elaborated analytical model is based on the experimental measurements of micro-gas flows and the characterization of the internal structure. The analytical model for leakage predictions is based on the theory of Navier-Stokes equations. The development of a technique to measure leak rates down to 10^{-6} ml/s in the case of liquids was necessary to achieve this part of the study.

X

In the last part of this study, the challenge was to extend and validate the applicability of the theoretical model based on a slip flow regime to the prediction of gas leakage through the gaskets at high temperature. The change of fluid viscosity and the porosity parameters due to gasket deformation caused by temperature are some of the parameters to consider in the prediction. The same approach used to identify the internal structure of the gasket developed in the first part of this study was used. Preliminary tests were performed in order to gain a better understanding of the different processes involved in liquid leak measurements including the adaptation of the developed instrument.

The perfect control of the whole chain of instrumentation ensures the quality of the measurement results. Therefore, for each part of the study, a particular testing methodology was adopted in order to achieve successful tests. The experimental approach has allowed on the one hand the validation of the theoretical results and on the other hand the development of a small liquid leak measuring device.

The resulting model has allowed a more detailed analysis to characterize the tightness behavior of a gasket as a function of a differential pressure, temperature and gasket stress, while considering the internal structure of the gasket as a system of straight capillary or a set of annular layers.

Keywords: bolted flanges, leak rates, leakage prediction model, flow regime.

TABLE DES MATIÈRES

Page

XIII

XIV

LISTE DES TABLEAUX

Page

XV
LISTE DES FIGURES

XVIII

XIX

LISTE DES ABRÉVIATIONS, SIGLES ET ACRONYMES

γ	Taux de cisaillement à la paroi
μ_g	Viscosité dynamique (Pa.s)
λ	Libre parcours moyen du gaz (m)
λ_0	Libre parcours moyen à la pression externe (m)
ρ	Densité (kg.m^{-3})
σ	Coefficient tangentiel (accommodation)
A_1	Paramètre de porosité pour le modèle capillaire (m^4)
A_2	Paramètre de porosité pour le modèle annulaire (m^3)
$d = 2R$	Diamètre hydraulique (m)
D_g	Écrasement du joint (m)
e_1	Épaisseur équivalente du vide pour le modèle capillaire (m)
e_2	Épaisseur équivalente du vide pour le modèle annulaire (m)
H	Épaisseur du joint (m)
h	Demi-épaisseur d'une couche de vide (m)
L	Longueur des capillaires (m)
L_s	Longueur de glissement sur les parois (nm)
n	Nombre de molle
N	Nombre de capillaires ou nombre de couches parallèles dépendamment du model
P_i ; P_0	Pression intérieur et extérieur du joint (MPa)
Π	Rapport de pression entre intérieur et extérieur du joint
Kn	Nombre de Knudsen
Kn_0	Nombre de Knudsen à la pression externe
Kn_i	Nombre de Knudsen à la pression interne
$\dot{m}$	Débit massique (kg/s)

Q	Débit volumique (m^3/s)
r	Direction radiale dans le microcanal
r_e ; r_i	Rayon interne et externe du joint (m)
Rg	Constante des gazes parfait (J/kg/K)
Sg	Contrainte sur le joint (MPa)
t	Temps (s)
T	Température (K)
u_z	Vitesse axiale (m/s)
V	Volume (m^3)
z	Direction axiale dans le microcanal

Indice

i	Référence à la position intérieur (inside)
o	Référence à la position extérieur (outside)
1	Référence au modèle 1 (modèle capillaire)
2	Référence au modèle 2 (modèle annulaire)
g	Référence au joint (gasket)

Acronymes

ASME	American Society of Mechanical Engineers
EPA	Environmental Protection Agency
OVA	Organic VaporAnalyzer
PTFE	Polytetrafluoroethylene
PVRC	Pressure Vessel Research Council
RGA	Residual Gas Analyzer

ROTT	ROom Temperature Tightness test
LMF	Laminar Molecular Flow
BS	British Standard (UK)
EN	European Normalisation
NPS	Nominal Pipe Size
DN	Diamètre Nominal
PN	Pression Nominale

XXII

1

INTRODUCTION

L'écoulement d'un fluide à travers les milieux poreux a été étudié intensivement par plusieurs laboratoires de recherche et a fait l'objet, à une échelle théorique, de plusieurs modèles analytiques et numériques sans intérêt pratique. À la suite des nouvelles réglementations sur les émissions fugitives (accords de Kyoto, Agence Américaine de Protection de l'Environnement EPA, TA-Luft), de même que des nombreux accidents et incidents dus aux fuites incluant les explosions, la contamination des aliments et les catastrophes environnementales ayant déjà touché plusieurs pays d'Europe, de l'Amérique du nord et le Japon il devient impératif de développer une méthode de conception des assemblages boulonnés des équipements pressurisés munis de joint d'étanchéité et basée sur la quantité maximale de fuites tolérées.

Très peu de modèles existent dans la littérature pour décrire la fuite d'un fluide à travers le matériau du joint des brides boulonnées. Le modèle le plus répandu représente celui où le joint d'étanchéité est considéré comme un ensemble de capillaires rectilignes (Bazergui et Louis, 1987; Marchand et al., 2005; Masi, Bouzid et Derenne, 1998). Ainsi, l'écoulement à travers le joint d'étanchéité peut être considéré comme un écoulement à travers un milieu poreux.

La difficulté à évaluer le taux de fuites des joints réside dans la caractérisation de la structure poreuse du joint et du type de régime d'écoulement imposé par le matériau du joint sous les conditions réelles d'opération. En général, le type de fluide exerce très peu d'influence sur le type de régime d'écoulement (Masi, Bouzid et Derenne, 1998), mais le nombre de Knudsen détermine le degré de raréfaction et l'applicabilité des modèles d'écoulements traditionnels basés sur la théorie de Navier-Stokes (Gad-el-Hak, 1999).

Le cadre général d'application de cette étude renvoie à celui de l'étanchéité statique avec interposition d'un joint, c'est-à-dire lorsqu'il n'y a aucun mouvement relatif entre les surfaces du joint et les surfaces en contact avec celui-ci. Pour assurer le confinement d'un fluide dans un assemblage pressurisé, les caractéristiques du joint et de l'assemblage doivent être déterminées à partir des diverses sollicitations auxquelles il est soumis. Les propriétés mécaniques des brides d'un assemblage boulonné muni de joints d'étanchéité sont connues et utilisées dans la conception cependant, celles du joint incluant les caractéristiques d'étanchéité sont souvent méconnues et non considérées dans les modèles de conception, ce qui confère un statut relativement empirique à ces méthodes de dimensionnement des assemblages, puisqu'elles se fondent sur l'expérience (Martin, 1985).

Les études existantes sur la prédiction de fuite des fluides à travers un joint d'étanchéité se basent sur les régimes d'écoulement laminaire et moléculaire. Toutefois, les résultats expérimentaux obtenus par plusieurs chercheurs ont montré un écart significatif entre les taux de fuite mesurés et ceux prédits par les modèles classiques d'écoulement laminaire et moléculaire. Dans le but d'optimiser les prédictions du taux de fuite, particulièrement pour les micros et nano-fuites, un effort considérable a été fourni au cours des dernières années en rapport avec la modélisation analytique et numérique des écoulements gazeux. Quant aux écoulements liquides du même ordre, ils sont moins étudiés en raison de la difficulté à mesurer la fuite à cette échelle. En effet, les techniques de mesure de fuites liquides à l'échelle micro et nano sont peu disponibles, voire inexistantes à l'échelle industrielle ou sur le marché.

Dans le but de prédire les taux de fuites avec une précision acceptable, il est nécessaire de déterminer les paramètres intrinsèques du milieu poreux (taille et nombre de pores) afin de les incorporer dans un modèle d'écoulement adéquat, en fonction de la nature du fluide qui fuit et du régime d'écoulement. Cependant l'analyse est complexe, car la caractérisation de la porosité du joint dépend des paramètres dimensionnels (H et D) sur lesquels s'appuient les différents modèles en vue d'obtenir la nature du régime d'écoulement.

Dans la première étape de ce travail, on a commencé par la calibration des instruments de mesure afin de garantir des résultats fiables. La technique de spectrométrie de masse utilisée par le détecteur de fuite à l'hélium et l'analyseur de gaz résiduels (RGA) a été choisie pour mesurer, à différents niveaux, les fuites gazeuses engendrées par l'action simultanée de la contrainte et de la pression. La machine d'essai de joints d'étanchéité à température ambiante ROTT était le moyen mécanique utilisé pour créer des conditions d'utilisation s'approchant de la réalité. Dans la deuxième étape, on a tenté de valider les modèles analytiques développés par des tests de fuites exécutés sur le banc d'essai de joints à chaud UGR, sous différentes conditions de pression et de température.

La modélisation de prédiction de fuite proposée dans cette étude présente la particularité d'être facile à implémenter selon les normes de conception des brides. Ainsi, la conception des assemblages munis de joints et se basant sur la prédiction des fuites est révélatrice sur le plan de la sécurité, en plus d'être

4

avantageuse économiquement du point de vue de la planification, de la prévention et de la maintenance.

0.1 Problématique

En effet, la défaillance en étanchéité des équipements employés dans les procédés des différentes industries, notamment celle de la pétrochimie, comporte de nombreuses causes. La contribution au taux de fuite totale provenant des différents équipements est illustrée à la Figure 1.1. Selon l'*ESA*, les brides seules sont responsables de 28 % des fuites totales. La majorité des problèmes de fuites signalés dans l'industrie sont engendrés par les vannes et les pompes qui recourent à des systèmes de presse-étoupes munis de garnitures d'étanchéité constituées de mêmes matériaux que certains joints d'étanchéité et opérant souvent dans les mêmes conditions.

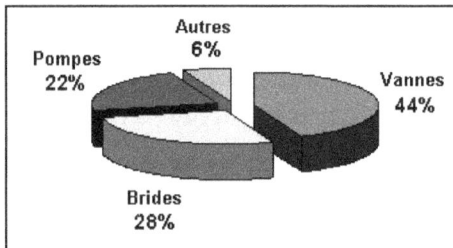

Figure 1.1 Émissions fugitives par source
Tirée de ESA (2011)

À titre informatif et pour éclairer l'ampleur du fléau des fuites des systèmes étanches, les coûts associés à la défaillance de l'intégrité d'étanchéité peuvent être estimés, selon le site internet de la société Hydratight (2011), comme suit:

- Arrêt d'un gazoduc de 3 pouces classe 1500 en raison d'une charge insuffisante sur les boulons en service : coût de perte de production de 2,25 millions de dollars;

- Incendie sur une vanne de 16 pouces classe 300 serrée par des opérateurs non formés : coût de perte de production de 1,68 million de dollars;

- Négligence portant sur une bride marine de 4 pouces classe 150 lb provoquant l'arrêt d'un groupe turbine-alternateur : coût de perte de production de 3 millions de livres sterling;

- Un exploitant de sites multiples a évalué le coût moyen de l'ensemble des fuites à 100000 dollars par fuite.

Un assemblage à brides boulonnées se compose de deux brides, d'un joint d'étanchéité et de plusieurs boulons dont le nombre dépend de la dimension des brides. Parmi les causes de défaillance d'un assemblage à brides, on retrouve la charge insuffisante, la surcharge et la rotation excessive des brides mais aussi les défauts de conception et de fabrication. Cependant la défaillance la plus fréquente est celle causée par le joint. Il convient donc de soigner tout particulièrement la conception des assemblages boulonnés et de choisir les modèles de prédiction les mieux adaptés pour parvenir à une meilleure optimisation de leur utilisation. Il s'ensuit qu'une meilleure prédiction des fuites permet de répondre aux besoins suivants :

- Améliorer la fiabilité et la sécurité des assemblages;
- Augmenter le niveau de production;

- Minimiser les temps d'immobilisation;
- Réduire les frais de maintenance et de prévention.

L'objectif de cette étude est de mettre en lumière une corrélation entre les fuites gazeuses et les fuites liquides. Après une définition de la nature de l'écoulement des fluides à travers les milieux poreux, notre attention se portera plus spécifiquement sur la prédiction des fuites d'un joint d'étanchéité avec plusieurs fluides en fonction de leurs caractéristiques et de celles du fluide de référence.

Par ailleurs, nos travaux ont pour objectif principal d'apporter une contribution à la recherche et au développement des industries canadiennes dans les secteurs chimique et pétrochimique, de proposer une assistance aux fabricants de joints dans le développement de leurs produits innovateurs et d'offrir une aide aux utilisateurs dans l'évaluation et la certification des produits. Par conséquent, cette contribution permettra la réduction des émissions fugitives et du risque d'accident induit, ainsi que l'élimination de la contamination et la préservation des produits agroalimentaires.

Aussi, par ce projet nous participerons à l'élaboration d'une expertise à l'échelle internationale dans le domaine des essais de caractérisation des joints d'étanchéité, de même qu'à l'intégration des méthodologies développées sur la prédiction des fuites dans les assemblages munis de joints d'étanchéité et aux innovations scientifiques et techniques qui en découlent.

0.2 Plan de la thèse

Notre sujet de recherche se focalise principalement sur la thématique s'articulant autour de la corrélation entre les fuites gazeuses et les fuites liquides. Le rapport de thèse se divise en cinq chapitres.

Le premier chapitre se consacre à l'étude bibliographique et à la revue des travaux similaires réalisés par d'autres chercheurs dans le domaine de la prédiction des fuites à travers un joint d'étanchéité et dans les assemblages à brides boulonnées. On y trouve le comportement thermomécanique des joints et les différents paramètres influençant la grandeur des fuites. Aussi, dans le cas des assemblages à brides boulonnées, nous procédons à l'étude et à la comparaison des divers modèles de prédiction de fuites à travers un joint d'étanchéité présentés dans la littérature.

Le chapitre deux offre une description détaillée des bancs d'essai et de différentes méthodes de mesure de fuites utilisées pour la validation des modèles développés. Pour réussir cette étude, il a été nécessaire d'avoir une bonne compréhension des différents phénomènes présents durant la mesure des fuites à travers le joint d'étanchéité, ainsi qu'une maîtrise parfaite de toute la chaîne de mesure.

Les chapitres 3, 4 et 5 regroupent les trois articles représentant notre contribution scientifique dans le domaine de la prédiction des fuites à travers les joints d'étanchéité considérés en tant que milieux poreux, tout comme dans le champ de la corrélation entre les fuites de gaz et de liquides.

Le premier article s'intitule "Correlation of Gaseous Mass Leak Rates Through Micro and Nano-Porous Gaskets". Cet article a été publié en 2011 dans la revue *Journal of Pressure Vessel Technology*, volume 133, no 2. Il propose une modélisation de l'écoulement des fuites gazeuses à travers un joint d'étanchéité considéré comme un milieu poreux, en tenant compte de l'effet de glissement sur les parois des pores. Deux modèles simulant le chemin des fuites ont été considérés dans cet article : un ensemble de tubes circulaires rectilignes et des microcanaux de forme de couche circulaire. Une approche hybride analytique-expérimentale a été développée dans le but de caractériser la taille et le nombre de pores, afin de prédire les fuites d'un joint d'étanchéité.

Le deuxième article est intitulé "Liquid Leak Predictions in Micro- and Nano porous Gaskets". Il est paru en 2011 dans la revue *Journal of Pressure Vessel Technology*, volume 133, no 5. Cet article présente un modèle d'écoulement pour prédire les fuites liquides dans les joints d'étanchéité. Ce sujet de recherche n'est pas abordé de façon exhaustive et pratique dans les études précédentes. L'approche hybride analytique-expérimentale adoptée dans le premier article a été étendue pour prédire les fuites liquides.

Enfin, le cinquième chapitre décrit le troisième article, qui traite de l'effet à court terme de la température sur les fuites à travers le joint d'étanchéité. Cet effet est souvent exclu dans les études antérieures portant sur la prédiction des fuites à travers un joint d'étanchéité. À la suite de l'augmentation de la température des assemblages boulonnés, il se produit une perte d'épaisseur du joint d'étanchéité et un changement de la viscosité du fluide; ce qui altère la fuite considérablement. Ce troisième article s'intitule "Prediction of Leak

9

Rates Through Porous Gasket at High Temperature". Il a été soumis le 13 avril dernier à la revue *Journal of Pressure Vessel Technology*.

CHAPITRE 1

REVUE BIBLIOGRAPHIQUE

1.1   Introduction

Le développement soutenable pour les futures générations exige la réduction
des émissions industrielles dans l'environnement. Il existe deux catégories
d'émissions provenant d'un procédé industriel. Cependant, on trouve des
émissions prévisibles et d'autres fugitives. Dans la première catégorie, la perte
de fluide entraîne la perte de matières premières et donc une réduction du
rendement de l'installation. Les hydrocarbures prennent une partie importante
de ce genre de perte. Dans la seconde catégorie, les fuites sont imprévisibles et
leur accumulation, au fil du temps, représente non seulement une perte
économique, mais aussi des dangers pour l'environnement et la santé des
employés. L'utilisation de brides boulonnées munies d'un joint d'étanchéité
non fiable est fortement impliquée dans cette catégorie de fuite.

Les assemblages à brides boulonnées sont employés couramment dans les
différents domaines industriels, en vue d'assurer l'étanchéité dans les
systèmes pressurisés renfermant plusieurs types de fluides sous des conditions
variables d'opération, telles que la pression et la température. Ces conditions
dictent la dimension NPS ou DN et la classe ou PN de la bride, selon les codes
américains ASME et européen EN respectivement.

Dans la conception des assemblages à brides boulonnées, un des objectifs
principaux consiste à obtenir l'étanchéité maximale de l'assemblage
bride/joint. La stricte réglementation imposée par l'EPA 1995 exige un taux

12

de fuite inférieur à 500 ppmv lorsque la mesure est effectuée avec un OVA(Masi, Bouzid et Derenne, 1998). Cette réglementation a conduit les chercheurs à développer des modèles théoriques pour prédire avec précision le taux de fuite.   Toutefois, plusieurs codes régissent la conception des assemblages boulonnés pressurisés. On peut citer à titre d'exemple le code des réservoirs sous pression de l'ASME, la norme britannique BS5500 et la norme européenne EN 1591 et EN 13445.

Dans le but de bien mener notre travail de recherche relatif à la prédiction des fuites à travers les joints d'étanchéité et de réussir nos expériences de mesure de fuites, notre travail a été orienté préalablement vers une recherche bibliographique. Celle-ci nous permet de mieux comprendre la problématique et cerner les divers facteurs déjà mis en lumière par les chercheurs dans leurs études. Aussi, dans cette partie nous ferons un survol des travaux existant sur les méthodes expérimentales servant à caractériser le comportement des joints en regard de l'étanchéité, de la modélisation du comportement des assemblages bride/joint et des différents modèles d'écoulement pour la prédiction des fuites.

1.2   Assemblage à brides boulonnées

Un assemblage à brides boulonnées se compose principalement d'un joint, d'une paire de brides et des boulons de serrage. Le taux de fuite acceptable représente un facteur important dans l'opération des assemblages à brides boulonnées. Il est devenu un critère incontournable de conception dans certaines normes de calcul de brides, comme l'EN 1591.

13

Figure 1.1 Assemblages à brides boulonnées
Tirée de UNM (2010)

Dans les installations industrielles, il existe plusieurs types de brides et de joints d'étanchéité. Les sortes de brides sont généralement classées en trois catégories principales, entre autres :

- Brides à face surélevée : ce type de brides est souvent utilisé pour assurer la liaison des tuyaux à l'aide de plusieurs boulons. Ce montage se caractérise par le fait que le joint n'est pas confiné et que les surfaces de contact des brides sont surélevées en vue de limiter la surface du joint à comprimer.

- Brides à face plate : dans ce type d'arrangement, le joint n'est pas confiné et s'étale plutôt sur la pleine face de la bride. C'est le matériau fragile de la bride ou son recouvrement avec un matériau fragile, tel que l'émail, qui dicte l'utilisation de ce type de brides. Elles sont conçues pour les basses pressions.

- Brides à contact métal-métal : communément appelé montage bride à bride, du fait que le joint se place entre deux plaques rigides dans une gorge et que les boulons sont répartis uniformément sur la circonférence de la bride. Ce montage permet de serrer le dispositif et d'écraser le joint d'étanchéité, pour ainsi maintenir une contrainte d'assise importante sur le joint. C'est le premier type de brides employé dans notre étude.

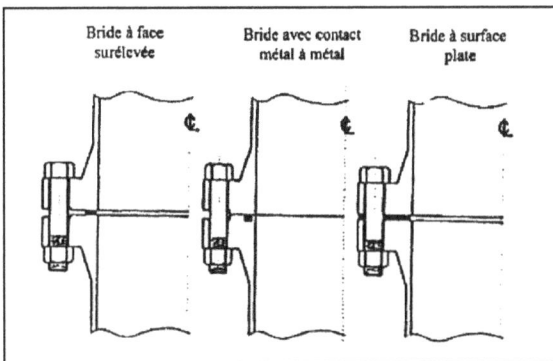

Figure 1.2 Différents arrangements des brides boulonnées
Tirée de Bouzid (1994)

1.3   Fuites dans les assemblages à brides boulonnées

Concevoir des assemblages à brides boulonnées avec une étanchéité optimale est un problème très complexe qui nécessite différents outils physiques et chimiques. L'étanchéité d'un assemblage à brides sous diverses sollicitations mécaniques et thermiques dépend du comportement des brides, du joint d'étanchéité et de la boulonnerie. Dans les assemblages à brides boulonnées munis de joint d'étanchéité, les fuites sont de deux types à s'avoir :

- Fuites à travers le matériau du joint d'étanchéité : la fuite est dans son ensemble radiale et la longueur du chemin de la fuite peut correspondre à la largeur du joint. Ces fuites sont dues à la porosité du joint d'étanchéité, qui varie en fonction des conditions d'opération, entre autres la force de serrage, la pression et la température de service;

- Fuites interfaciales : étant donné que le joint d'étanchéité se positionne entre deux surface rigides, l'apparition des fuites interfaciales est principalement causée par des défauts de surface (des rayures, des stries radiales sur les portées des joints) ou par des défauts de forme. La surface de la bride et la surface du joint manifestent des aspérités, formant un réseau de canaux par lesquels se produisent des fuites radiales ou circonférentielles. La quantité de ce type de fuite dépend notamment de l'état de surface de la bride et des conditions expérimentales, telles que la contrainte sur le joint, la pression de fluide et le matériau du joint, car la surface externe du joint épouse la surface de la bride lorsque le matériau est mou. Dans les assemblages à brides boulonnées, le degré de finition des portées du joint est généralement compris entre 0,8 et 3,2 µm.

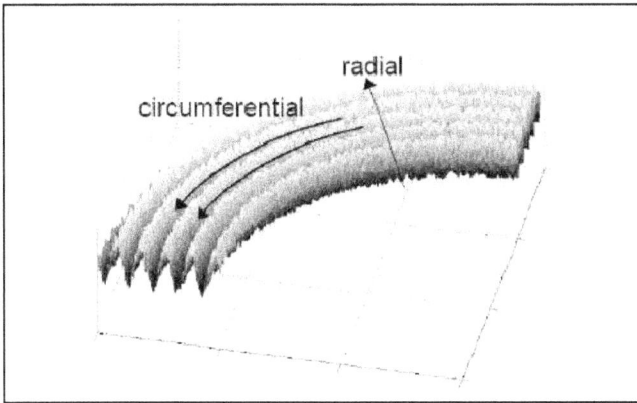

Figure 1.3 Mode de fuites dans les assemblages à brides
boulonnées
Tirée de Geoffroy et Prat (2004)

Selon la quantité du débit massique qui fuit, l'écoulement existant dans un assemblage à brides boulonnées munies de joint peut être soit interfacial, soit à travers le matériau du joint d'étanchéité, ou encore les deux cas à la fois. Dans le deuxième cas, l'écoulement, même s'il est très petit, est souvent plus important que le premier et peut adopter plusieurs régimes : laminaire, glissant ou encore moléculaire.

Les modèles de prédiction des fuites utilisés dans le cadre de cette étude portent exclusivement sur le deuxième cas de fuites, c'est-à-dire celui des fuites à travers les pores du joint d'étanchéité. Mais, étant donné la complexité de ce cas de fuites, une attention particulière sera portée aux conditions expérimentales afin de minimiser, voire d'éliminer les fuites interfaciales durant les différents tests réalisés.

1.4 Joint d'étanchéité

Plusieurs approches ont été utilisées pour modéliser la nature poreuse du joint d'étanchéité. Parmi les approches les plus simples (formes géométriques simples), on trouve les modèles annulaire et capillaire, dans lesquels les pores du joint sont représentés par des couches circulaires pour le premier modèle et par un ensemble de tubes cylindriques rectilignes pour le deuxième modèle.

1.4.1 Notion de porosité

Un milieu poreux peut être considéré comme un agrégat d'éléments solides et de vides. Ces vides, appelés généralement « pores », peuvent être connectés ou non entre eux. Lorsque les pores ne communiquent pas entre eux, nous avons affaire à une porosité fermée et dans ce cas le matériau est imperméable. La porosité est dite ouverte lorsque les pores communiquent entre eux par des canaux, permettant la circulation des fluides. Suivant la taille, le nombre de canaux, la grosseur des vides et la pression des fluides, la performance du joint varie. À cette notion, il faut ajouter que les joints de types identiques présentent un réseau de fuites différent, donc une étanchéité hétérogène par nature. La micrographie suivante illustre l'exemple d'un réseau poreux pour un matériau du joint dans lequel chaque trou noir représente un pore relié ou non à ceux qui l'entourent.

18

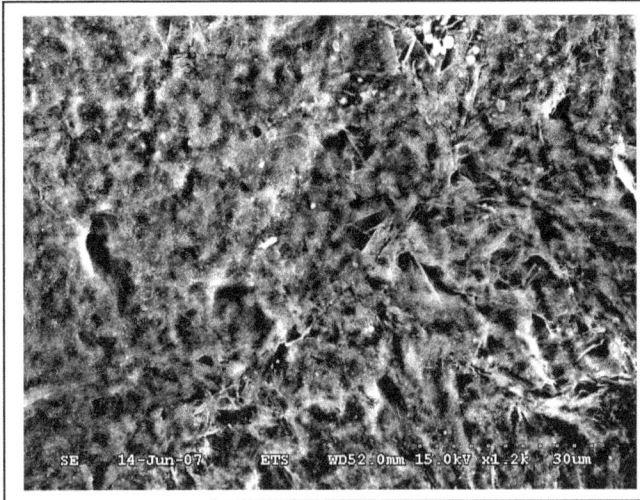

Figure 1.4 Micrographie d'un spécimen à base de graphite ($\times$ 30 µm)

La porosité volumique totale est définie par :

$$\Phi = V_{vide}/V_{totale} \qquad (1.1)$$

Il existe plusieurs méthodes expérimentales pour mesurer la porosité, entre autres la méthode dite « de sommation des fluides » et la méthode diagraphique. Le coefficient de porosité est gardé bien secret par les industriels des joints d'étanchéité. Seule la porosité ouverte est prise en compte dans les modèles de prédiction des fuites présentés dans cette étude.

1.4.2 Technologie des joints d'étanchéité

Les limites acceptables du débit de fuites se rétrécissent inévitablement dans le temps, ce qui accroît l'importance des joints pour assurer une étanchéité efficace des installations. Pour répondre aux exigences industrielles en matière d'étanchéité d'un confinement sous pression, il existe une vaste gamme de joints, aussi bien sur le plan de la conception (modèles) que des matériaux constituants.

1.4.2.1 Types de joint

Au niveau de la conception, les joints sont répartis en trois catégories principales, soit :

1. Les joints toriques : en forme de bague de section circulaire, ils doivent être retenus dans une gorge, souvent rectangulaire. L'étanchéité est assurée par le serrage initial et la pression du fluide;

2. Les joints plats : en forme de rondelles, généralement limités à des pressions basses et moyennes;

3. Les joints à profil spiralé : flexibles semi-métalliques et constitués en couches alternées de rubans métalliques de section trapézoïdale, avec une charge enroulée en forme de spirale (CETIM, 1998).

1.4.2.2 Matériaux du joint

Pour les assemblages à brides boulonnées, il existe une variété de matériaux de joints d'étanchéité. En effet, on retrouve des joints métalliques, souvent composés de plusieurs matériaux comme l'acier inoxydable, l'aluminium et le cuivre, de même que des joints plats, pour lesquels les matériaux de base les plus couramment utilisés sont les fibres d'amiante, organiques, aramides, carbone et autres. Il est à noter que le graphite flexible et le téflon sont les substitues modernes de l'amiante. L'étanchéité avec les joints élastomères s'obtient sans aucun apport de graisse.

Auparavant, les joints non métalliques comme les joints en feuilles d'amiante étaient les plus employés pour assurer l'étanchéité des assemblages à brides boulonnées. Néanmoins, comme ces matériaux comportent des risques pour la santé, leur utilisation a été abandonnée dans l'industrie, ce qui a poussé les industriels à les remplacer par des matériaux alternatifs afin de continuer à assurer l'étanchéité des assemblages à brides boulonnées, tout en préservant la santé des employés. Bien entendu, ces nouveaux matériaux exigent de nouvelles procédures d'essai et des ajustements au niveau des normes de calculs. De ce fait, les organismes de normalisations à travers le monde (EN, ASTM, ISO, ASME, BS, JIS) sont en train d'ajuster leurs procédures d'essai et de calcul suivant la caractérisation et l'utilisation des nouveaux matériaux de joints d'étanchéité.

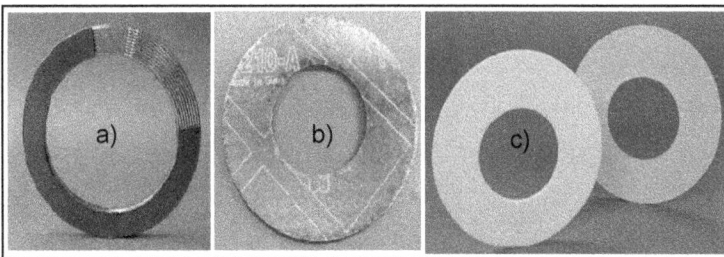

Figure 1.5 Joints d'étanchéité : a) revêtement graphite avec
cœur en acier, b) graphite expansé, c) PTFE
Tirée de Wikibooks (2012)

Pour les joints non métalliques, on fait souvent appel à deux matériaux de remplacement ayant une bonne fiabilité en matière d'étanchéité dans les assemblages à brides boulonnées. Le premier type concerne le joint en PTFE, matériau stable chimiquement et ayant donc une meilleure résistance à l'humidité et aux fluides agressifs, tout en possédant de bonnes propriétés mécaniques. Cependant, sa résistance au fluage-relaxation est limitée ; ce qui le rend vulnérable à l'éclatement due à l'extrusion provoquée par la pression. En deuxième lieu, on retrouve les joints en graphite, idéaux pour des applications à haute température et à haute pression, et qui offrent une meilleure résistance au fluage.

Pour assurer une bonne étanchéité des assemblages à brides boulonnées sous de hautes températures et en raison de la nécessité d'éliminer les matériaux perméables et dégazant, les industriels du joint ont été amenés à produire des joints métalliques. L'étanchéité des assemblages à brides avec joints métalliques est assurée grâce à la déformation plastique du joint. Il existe deux modes de déformation du joint métallique : la déformation par écrasement, dans laquelle le joint est écrasé entre deux brides planes et la déformation par pénétration, obtenue par l'action conjuguée de deux arrêtes portées par deux brides symétriques (CNRS).Ces joints peuvent être fabriqués à partir d'un seul métal ou d'un matériau composite constitué par une lame en acier de bonne élasticité afin d'assurer la résistance et la résilience du joint. Il est aussi possible de les combiner à différents revêtements (aluminium, argent, nickel,…) pour qu'ils résistent à la corrosion et épousent les irrégularités inévitables du joint et des brides (CETIM, 1998).

22

Le choix d'un matériau par rapport à un autre se fonde principalement sur les exigences suivantes :

- La température et la pression de service;
- La nature chimique du milieu;
- Le chargement mécanique affectant le joint;
- Le degré d'étanchéité requis.

L'efficacité d'un joint d'étanchéité dépend également de plusieurs paramètres (Martin, 1985), comme :

1) L'élasticité : le joint s'écrase entre les deux brides et suit les variations dimensionnelles entre les surfaces à étancher sous l'action des différentes sollicitations, tout en assurant en permanence un minimum d'effort de contact, ce qui se traduit par une bonne rigidité de l'ensemble;

2) La plasticité : renvoie à la manière d'épouser le mieux possible les défauts de surface et en particulier ceux dus à la rugosité, sans toutefois fluer;

3) L'imperméabilité : vis-à-vis du fluide à étancher, surtout lorsqu'il s'agit d'un gaz dangereux (inflammable, toxique,…);

4) La compatibilité : avec le fluide dans l'ensemble des conditions de fonctionnement.

Compte tenu de la présence de tous ces matériaux pour la fabrication des joints et afin d'assurer une bonne étanchéité dans les assemblages à brides boulonnées, l'évaluation et le choix des joints deviennent une étape cruciale. Pour parvenir à sélectionner de manière appropriée un joint en fonction des différentes conditions d'opération et des exigences en matière de santé, d'environnement et d'économie, plusieurs études ont été réalisées. Huang et al. (2001b), ont effectué des essais de caractérisation mécanique et en étanchéité sur des joints en PTFE expansés, en effectuant une comparaison avec un joint traditionnel à base de PTFE, tel que le joint biseauté. Ces essais ont montré que le nouveau matériau présente une excellente performance en étanchéité, une bonne résistance au fluage et une faible récupération. La procédure d'essai ROTT a été mise en œuvre dans cette étude de caractérisation des joints.

Une approche par la méthode de la logique floue a été utilisée par Arghavani et al. (2001) dans la sélection des joints en fonction des exigences opérationnelles, telles que la contrainte sur le joint et la pression du fluide. Le principe d'utilisation de cette approche consiste à sélectionner de nombreux paramètres optimaux pour assurer une meilleure étanchéité du joint.

En se basant sur l'influence de la température sur la performance des joints en étanchéité, Winter et al.(1996), ont proposé une méthodologie de choix pour les joints d'étanchéité en fonction des différentes conditions d'opération, tout en tenant compte de leur dégradation thermique. Dans une même perspective, Bartonicek et al. (2002), ont réalisé, à l'aide d'un banc d'essai hydraulique développé, des expériences de mesure de fuites en fonction de la température pour des joints en fibre et des joints en graphite. Ils ont remarqué que la température cause une déformation supplémentaire importante du joint. Cette constatation a conduit par la suite à l'amélioration de la performance du joint en matière d'étanchéité. Par ailleurs, cette constatation a été faite pour les joints en fibres seulement, car les fuites mesurées pour les joints en graphite à une température ambiante étaient semblables à celles mesurées pour un niveau de température élevé. Cependant, cette constatation est valable pour un temps relativement cours. En effet, le temps de stabilisation de la fuite peut prendre plusieurs heures voir plusieurs jours dépendamment du type d'écoulement du fluide à travers le joint.

En raison de leurs larges utilisations dans le domaine d'étanchéité des assemblages à brides boulonnées, les joints en Téflon, graphite et fibres organiques ont été choisis pour réaliser cette étude de prédiction et de corrélation de fuites gazeuses et liquides. L'écoulement d'un fluide à travers ces matériaux peut être analysé à partir des théories d'écoulement à travers les milieux poreux.

1.4.3 Comportement thermo-mécanique d'un assemblage à brides boulonnées muni de joint d'étanchéité

Dans le but de mieux cerner la fonction d'étanchéité des brides boulonnées munies de joints d'étanchéité, de nombreuses études ont porté sur le comportement des joints vis-à-vis de plusieurs paramètres tels que la variation de la contrainte à travers la largeur des joints à la suite du changement de la température de l'assemblage, la variation de la pression interne du fluide, ainsi que le fluage et la relaxation des joints.

25

Ces études de nature expérimentale, analytique et numérique ont été menées par plusieurs chercheurs afin d'analyser le comportement mécanique et thermique des joints d'étanchéité. Parmi les études les plus généralisées ayant mis l'accent sur l'aspect thermique, on trouve les études menées par Bouzid (1994; Bouzid et Chaaban, 1997), Nechache et al. (2007; 2008) où il détaille l'effet du fluage des différents éléments de l'assemblage à brides boulonnées sur la redistribution des charges et le niveau de l'étanchéité.

Les travaux de Marchand (1991) ont aussi contribué activement à l'analyse du comportement des joints d'étanchéité des assemblages à brides boulonnées soumis à haute température. Dans cette étude, il met en évidence l'effet du vieillissement et la dégradation due à l'exposition à la température sur la performance d'étanchéité des joints plats en élastomère. Des corrélations ont été établies entre la perte de poids du joint et le changement de certaines propriétés importantes, telles que la relaxation de la contrainte de compression, le changement d'épaisseur, la résistance à la traction et l'étanchéité. Aussi, une méthode basée sur le paramètre de vieillissement A_p a été proposée afin de déterminer à long terme la température maximale d'exposition des joints d'étanchéité à base de fibres à ne pas dépasser pour avoir un certain taux de dégradation.

Il importe également de mentionner l'étude de Brown et al. (2002), qui traite de la variation de la charge des boulons sur le joint d'étanchéité en fonction du temps, lorsque les assemblages boulonnés sont soumis à un chargement thermique transitoire. Dans leurs travaux, les chercheurs ont présenté une méthode analytique décrivant l'évolution de la contrainte sur le joint en fonction de la température et du temps, de même que son impact sur la performance du joint. Le modèle analytique développé est validé par des tests expérimentaux et des analyses par éléments finis. L'approche analytique déployée dans cette étude permet entre autre de déterminer les cas extrêmes d'exploitation du joint. Plus récemment encore, on trouve les travaux de Abid (2006), qui a analysé la résistance du joint et sa capacité d'étanchéité sous l'effet combiné de la pression interne du fluide et d'un régime permanent de la température d'un assemblage à brides boulonnées. Cette étude présente une approche par éléments finis 3D non linéaires. La défaillance en étanchéité des brides boulonnées est beaucoup plus prononcée avec la présence d'un chargement thermique, car les composantes les constituants se dilatent de manière différente. L'auteur a conclu aussi que l'assemblage testé était efficace pour une pression inférieure à 8 MPa si la température ne dépasse pas 100 °C. Pour un bon fonctionnement de l'assemblage en matière d'étanchéité, il est nécessaire de considérer la pression et la température simultanément. En effet le diagramme pression température des différentes classes de brides stipule qu'à mesure que la température d'opération augmente, la pression d'opération doit diminuer.

Dans les travaux d'Abid et al. (2007), les auteurs ont constaté que le fait de choisir un joint en tenant compte uniquement de sa pression interne est insuffisant, parce que le comportement des divers éléments de la bride boulonnée sous l'effet de l'augmentation de la température est différent, en raison de l'écart entre les coefficients d'expansion thermique de ces éléments. La charge sur le joint d'étanchéité est donc affectée à la suite des variations de la température à court terme (Bouzid et Nechache, 2005a; 2005b). Cependant, il est important de mentionner que la température a pour effet de diminuer la porosité du matériau de joint et la viscosité du fluide; ce qui altère le taux de fuite.

Concernant l'approche mécanique, les travaux de Mathan et al. (2008) et Murali Krishna et al. (2007) développent une analyse par éléments finis tridimensionnels de l'effet de la flexion externe des brides sur le comportement non linéaire des joints, et par conséquent sur leur performance d'étanchéité. Dans les travaux de Murali Krishna et al. (2007), trois types de joints métalliques spiralés ont été utilisés pour déterminer leurs performances d'étanchéité. Dans cette étude, ils notent la présence d'une distribution non uniforme des contraintes à travers la portée des joints. Plus encore, les auteurs constatent que les brides boulonnées fuient à cause de la rotation de la bride, même si celle-ci est faible (de l'ordre de 0,3°).

Parmi les travaux récents s'intéressant au comportement de nature thermomécanique des joints d'étanchéité, on trouve les travaux de Sawa et al. (2004), (2007). Dans ce dernier, la distribution des contraintes de contact sur des joints pour différents assemblages a été calculée par la méthode des éléments finis sous température élevée et à différentes pressions internes. Dans le premier article, les auteurs utilisent un joint spiralé, alors que dans le second, le joint est en graphite. La fuite a été estimée à partir de la distribution des contraintes de contact sur le joint, obtenue par une analyse par éléments finis.

Les recherches susmentionnées, mettent l'accent sur l'importance d'une étude plus approfondie des joints d'étanchéité. En effet, l'évaluation de la quantité du fluide traversant le joint est un souci majeur des concepteurs de brides. À ce jour, il n'existe que très peu de modèles fiables pour la prédiction de fuites. Cependant, une étude sur les micro-écoulements est d'une importance primordiale afin de permettre une meilleure maîtrise des phénomènes de fuites des joints d'étanchéité, et aussi de définir les différents régimes d'écoulement qui y sont associés.

1.5   Modélisation numériques et analytiques des micro-écoulements

Au cours de ces deux dernières décennies et avec l'arrivée massive des micros systèmes, la simulation numérique des micro-écoulements a connu une révolution spectaculaire. À ce propos, plusieurs méthodes de simulation numérique et modélisation analytique ont vu le jour.

Parmi les particularités de ces micro-écoulements gazeux, on cite principalement (Hadjaj et Chinnayya 2010) :

1)   Limite de l'approche continue des équations de Navier-Stokes;

2)   Des forces de viscosité comparables aux forces d'inertie (nombre de Reynolds faible);

3)   Des processus d'interaction gaz-paroi qui modifient les conditions aux limites de ces écoulements.

La méthode qui se base sur l'équation cinétique de Boltzmann–Maxwell aux moments (Lattice Boltzmann Method ou LBM), est la plus utilisée pour des simulations numériques de micro-écoulement d'un fluide dans un milieu poreux. Le principe de la méthode est basé sur la construction de modèles d'équations cinétiques simplifiées intégrant la physique des phénomènes microscopiques et mésoscopiques, de telle sorte que les propriétés macroscopiques moyennées obéissent aux équations des milieux continus souhaités (Tölke et al., 2010). Dans cette méthode, le fluide étant comme constitué de particules fictives (fractions massiques), qui se propagent et entrent en collision dans un réseau régulier.

Yin et al. (2009) ont proposé une simulation basée sur la dynamique moléculaire (Molecular Dynamics ou MD) pour étudier l'écoulement du liquide d'argon dans un nanotube. Cette méthode de simulation, utilise la deuxième loi de Newton sur le mouvement pour simuler le comportement interatomique des atomes individuels via la mécanique statistique. Le flux des particules du fluide induit par une force externe a été analysé en fonction de l'amplitude de ces forces externes. Le profil de la vitesse d'écoulement à travers la section transversale des nanotubes adopte une forme en fonction de l'amplitude de la force. Cependant, pour une force d'ordre 2 le profil des vitesses est uniforme. Ce dernier est parabolique pour des petites amplitudes de forces (< 2). Dans cette étude, les effets de la force appliquée par le flux d'argon sur l'énergie du système (pression, profil de vitesse) sont décrits.

Une autre approche basée sur la mécanique des fluides numérique (MFN) ou Computational Fluid Dynamics (CFD), en anglais, a été utilisée pour modéliser numériquement l'écoulement dans un milieu poreux (Hellström et Lundström, 2006). Le domaine de simulation d'écoulement est représenté par un ensemble d'unités de cellules. Deux unités de cellules ont été utilisées pour modéliser le système d'écoulement, comprenant des unités pour un écoulement permanant et d'autres pour un écoulement non permanant. Dans cette étude, il a été conclu que la relation d'Ergun simule bien l'écoulement lorsque le nombre de Reynolds est faible ($\leq$ 20), et que l'effet d'inertie doit être pris en compte pour tout écoulement présentant un nombre de Reynolds supérieure à 10. La loi d'Ergun est une dérivée de la loi de Darcy, dans laquelle les deux facteurs qui représentent la nature poreuse du milieu et la tension de surface sont pris en compte.

Dans une autre étude menée par Jia et al.(2009), un modèle empirique basé sur la loi d'Ergun incluant l'effet de la tension de surface a été présenté. Celui-ci donne une relation entre la pression, le facteur de friction et le nombre de Reynolds à l'égard du débit et de la pression d'entrée. Le fluide utilisé dans cette étude est l'air. Les auteurs ont conclu que la loi d'Ergun simule bien le comportement d'écoulement à faible débit.

La loi d'Ergun incluant les effets de tension de surface simule bien les faibles écoulements. Par ailleurs elle ne peut être exploitée pour simuler les fuites à traves les joints des assemblages boulonnées qui sont d'ordre du micro voire nano-écoulement (Re << 1).

Une simulation directe par la méthode de Monte Carlo (Direct Simulation Monte Carlo ou DSMC) est proposée dans l'étude menée par Sharipov et al.(2012), cette méthode représente un outil puissant pour la modélisation des flux de gaz raréfiés. Brièvement, la méthode représente le domaine d'écoulement de gaz comme étant un réseau de cellules, et permet de faire une simulation séparée du libre mouvement des molécules gazeuses et des collisions intermoléculaires. Dans cette méthode, plusieurs modèles de collisions des particules de gaz sont proposés. Parmi ces modèles, on trouve le modèle de Generalized Soft-Spheres (GSS), le modèle de Variable Soft-Spheres (VSS), le modèle de Variable Hard-Spheres (VHS) et Variable Sphere (VS).

La méthode DSMC est aussi utilisée dans les travaux de Xue et al.(2000) pour réaliser des simulations numériques de l'écoulement du fluide gazeux dans les micro-canaux. Les effets d'entrée et de sortie des micro-canaux sur le comportement de l'écoulement sont discutés, alors que ces effets sont négligés dans la solution analytique qui décrit le régime d'écoulement glissant. Les résultats de la simulation concernant les distributions de vitesse longitudinale dans le régime d'écoulement de glissement sont comparés et validés avec la solution analytique basée sur les équations de Navier-Stokes, incluant les conditions aux limites de la vitesse de glissement.

Parmi les nombreuses théories émises sur les recherches en micro fluidique, on retrouve celle de la percolation, qui est utilisée pour calculer les fuites des fluides à travers les joints (Bottiglione, Carbone et Mantriota, 2009). L'approche utilisée par les auteurs fait co-usage de la théorie de la percolation et celle de la mécanique de contact, afin de démontrer l'impact des propriétés statistiques de la surface, de la charge appliquée et de la géométrie du joint sur les fuites. Dans cette étude, il a été conclu, qu'une fuite ne puisse se produire par un contact partiel entre les deux surfaces d'étanchéité, mais celle-ci n'ait lieu qu'à la suite de la formation d'un canal. Ce canal peut être formé par la coalescence des zones de non contact. Donc la théorie de la percolation, permet d'identifier les zones de contact nominal donné par une échelle de longueur.

Les deux phénomènes de transport qui sont la diffusion et les fuites visqueuses à travers un joint en rainure spiralé de la bague statique ont été étudiés analytiquement dans une étude menée par Geoffroy et al (2004). Le phénomène de diffusion est animé par une différence de concentration, alors que les fuites visqueuses sont la conséquence de la différence de pression entre le diamètre interne et externe du joint. Cette étude s'intéresse à la transition d'une fuite radiale pour de bas niveaux de contraintes vers une fuite circonférentielle lorsque la charge sur le joint augmente. Il est également montré dans cette étude, comment les résultats pour une fuite de diffusion et une fuite visqueuse peuvent être combinés afin d'identifier cette transition. Les auteurs ont utilisé un modèle basé sur l'équation de Reynolds pour estimer les fuites.

Miguel et al. (2007), dans leur étude d'estimation expérimentale de la perméabilité pour un milieu poreux, ont utilisé une méthode basée sur l'écoulement d'un gaz dans un milieu poreux associé à la loi de Darcy. Cette perméabilité est beaucoup influencée par les propriétés du gaz et par la température du milieu. Ils ont constaté que l'effet d'inertie doit être pris en compte pour un nombre de Reynolds supérieur à un, et que l'effet de raréfaction se présente pour tout écoulement dans un canal qui présente une dimension proche du libre parcours moyenne du gaz.

Une étude expérimentale a été menée par Ewart et al (2006), pour estimer le débit de gaz à travers des micro tubes cylindriques. Un régime glissant avec des conditions isothermes sa été utilisé pour quantifié le débit d'écoulement. Ainsi dans cette étude, la méthode de détermination expérimentale du débit d'écoulement basée sur une simple différence de pression est validée. Leurs résultats respectifs sont analysés et comparés avec les résultats théoriques issus des approches des milieux continus basés sur les équations de Navier – Stokes prenant en compte les effets de raréfaction présents dans les micro-flux.

Le régime glissant du flux de gaz dans les micro-canaux sous l'hypothèse d'écoulement isotherme à été étudié par Méolans et al. (2006). Pour ne pas tenir compte des effets d'entrée et des effets de sortie, les conduits sont supposé assez-longs. Des résultats expérimentaux de débits d'écoulement comparés à des simulations numériques et analytiques de divers écoulements bidimensionnels isothermes en micro canal, dans une gamme de nombre de Knudsen allant de 0.001 à 0.2, sont proposés dans cette étude. Sur la base de la méthode des petites perturbations, le taux du débit massique est quantifié par les équations quasi gasodynamique (QGD) associées à des conditions « du premier ordre » pour le glissement de vitesse à la paroi qui est similaire à l'expression analytique obtenue à partir des équations de Navier-Stokes avec une condition aux limites de glissement de second ordre.

Toutefois, plusieurs études ont été réalisées pour caractériser les micros et nano écoulements des liquides dans des microtubes avec des géométries simples. Parmi ces travaux, on note ceux menés par Silber-Li et al. (2006)qui, à partir de leurs expériences, ont démontré que la viscosité du liquide le long d'un microtube change, et que le gradient de pression d'écoulement du liquide devient non linéaire. La distribution de la pression dans le microtube suit une fonction logarithmique qui dépend de la pression d'entrée et de sortie. Néanmoins, la différence entre une distribution linéaire et une distribution non linéaire est très minime (de l'ordre de 3 % au maximum pour l'isopropanol).

Pour des basses pressions (moins de 10 MPa) et pour l'eau, l'effet de la variation de la viscosité le long du microtube n'était pas considéré important.

Par ailleurs, Papautsky et al. (1999) ont constaté que le débit expérimental de l'eau pour un diamètre hydraulique de l'ordre de 57 µm est plus faible que celui prédit par la théorie classique de Navier-Stockes. Les mêmes constatations ont été faites auparavant par Pfahler et al. (1989), qui dans leurs travaux de recherche ont analysé l'applicabilité des équations de Navier-Stockes pour la prédiction d'écoulement liquide pour des microcanaux de section rectangulaire et de dimensions variables.

1.6   Prédiction de fuite dans les joints d'étanchéité

Dans cette partie de la revue de la littérature, on s'attarde particulièrement aux différentes études ayant proposé des modèles de prédiction de fuites dans les joints d'étanchéité. Les fuites varient en fonction de plusieurs facteurs mécaniques et thermodynamiques. En effet, parmi les facteurs les plus influant sur le régime d'écoulement, on trouve la contrainte d'assise sur le joint d'étanchéité. Cependant, d'autres facteurs de moindre importance sont la charge des boulons de fixations des brides, leur espacement, la pression, la température et le temps. Il faut également considérer les facteurs de forme, tels que la rotation des brides, l'état de surfaces des brides et la forme des stries concentriques ou spiralées (phonographique).

Parmi les premières études décrivant la modélisation du phénomène de fuite à travers un joint d'étanchéité, on compte celle de Bazergui et al. (1987). Cette recherche se fonde sur la modélisation de la porosité du matériau du joint d'étanchéité, par laquelle l'écoulement est considéré passer à l'intérieur d'un ensemble de capillaires rectilignes. Toutefois, il convient de souligner que le modèle d'écoulement proposé se limitait à un régime d'écoulement laminaire. Ce régime correspond bien à la nature d'écoulement présente à travers les matériaux de certains joints utilisés durant cette période. Le matériau du joint communément utilisé était alors l'amiante.

Après quoi, et avec l'utilisation des nouveaux matériaux pour les joints d'étanchéité, on assiste à la naissance du modèle de prédiction de fuite développé par les chercheurs Masi et al. (1998). Compte tenu de la simplicité extrême du modèle proposé par Bazergui et al. (1987) et parce qu'un modèle de prédiction basé seulement sur un régime d'écoulement laminaire ne peut décrire entièrement l'étanchéité de tous les matériaux de joints, les chercheurs ont réussi à mieux prédire la fuite à travers le joint d'étanchéité, grâce à l'extension de modèles déjà développés à d'autres régimes d'écoulement tels que les régimes d'écoulement moléculaire et intermédiaire. Le régime d'écoulement intermédiaire n'est autre que la combinaison des deux régimes d'écoulement laminaire et moléculaire. Les auteurs ont constaté que selon les conditions expérimentales, les fuites concordent bien avec un de ces régimes d'écoulement. Cependant, pour des contraintes relativement élevées, ils ont remarqué que les trois modèles ne pouvaient prévoir la fuite avec une précision acceptable. Ils ont donc conclu que c'est la perméation qui est un phénomène de la diffusion qui s'installe dans certaines conditions.

Dans une autre étude, Marchand et al. (2005) ont fait appel à un modèle d'écoulement dit LMF (Laminar Molecular Flow). Ce modèle a été développé à partir des régimes d'écoulement laminaire et moléculaire. Les auteurs ont montré qu'à partir de mesures de fuites pour un gaz de référence avec deux niveaux de pression différents, la fraction concernant l'écoulement laminaire dans la fuite totale peut être déterminée.

Dans une étude de prédiction de fuite menée par Cazauran et al.(2009) les régimes d'écoulement laminaire et moléculaire ont été utilisés pour estimer le taux de fuite à travers le joint d'étanchéité. La porosité du joint était modélisée par un seul capillaire et le principe de leur approche était basé sur la détermination du diamètre critique de ce capillaire. La méthode utilisée pour déterminer ce diamètre critique consiste à égaliser le débit d'écoulement représentant le régime laminaire avec le débit d'écoulement représentant le régime moléculaire.

Une étude expérimentale a été menée par Arghavani et al. (2003) sur un assemblage à brides boulonnées, afin de quantifier l'effet de l'état de surface sur le taux de fuite des joints d'étanchéité testés. Des brides avec différents états de surface ont été utilisées dans cette étude. Les états de surface ont été obtenus par différents procédés d'usinage tels que tournage, fraisage et meulage. Des joints plats en PTFE et en graphite expansé et des joints spiralés avec graphite ont été employés. Le gaz en usage était l'hélium sous des pressions de 1,38 et 5,52 MPa. Une procédure du test ROTT modifiée a aussi été utilisée dans cette étude. Une attention particulière a été portée sur l'évaluation de la relaxation de la charge sur le joint, et par conséquent la sensibilité de la fuite par rapport à la perte de la charge. Les résultats obtenus illustrent que la rugosité n'a pas d'effet majeur sur la performance d'étanchéité du joint dans le cas des surfaces des brides obtenues par tournage et fraisage. Par contre, la forme de la surface de contact des brides, le niveau de la contrainte et la pression du fluide ont un effet considérable sur le taux de fuite et donc sur le régime d'écoulement du fluide à travers le joint. En fonction de ces paramètres, les chercheurs ont constaté que l'écoulement des fuites suit une loi exponentielle pour les différents types de joints testés. Ils ont de plus observé que pour les mêmes conditions expérimentales, les fuites à travers le joint en PTFE suivent un régime d'écoulement moléculaire, alors que pour les joints en graphite et les joints spiralés, le régime laminaire est plus dominant.

Le régime d'écoulement laminaire a aussi été utilisé récemment par Zhou et al. (2008), afin de modéliser la fuite à travers un joint octogonal. Ces chercheurs ont proposé dans leur étude une simulation numérique de la déformation du joint métallique de type octogonal en fonction de la charge des boulons et de la pression moyenne du fluide, pour prédire le taux de fuites des brides boulonnées. Leur recherche démontre que la distribution de la contrainte de contact le long de la largeur du joint est non uniforme et entre autres, que la contrainte est beaucoup plus élevée au rayon externe du joint comparativement à celle du rayon interne. D'autre part, ils concluent que le taux de fuite diminue avec l'augmentation de la surface de contact du joint et que le régime laminaire décrit bien l'écoulement à travers le joint octogonal.

D'autres travaux ayant pour objectif de prédire le taux d'écoulement des fuites à travers le joint d'étanchéité ont été réalisés, sans utiliser les trois régimes d'écoulement déjà mentionnés. Parmi ces études, mentionnons les travaux de Batista et al. (1995), qui ont proposé un modèle analytique de prédiction de la fuite. Dans ce modèle, la nature poreuse du joint a été caractérisée par deux paramètres obtenus expérimentalement grâce à un test de compression spécialement développée à cette fin. Pour leurs expériences, ils ont fait usage de joints en PTFE à base de feuilles et d'autres à base de fibre élastomère renforcée. Le modèle proposé par les auteurs permet de prédire la fuite de gaz pour différentes dimensions du joint soumis à diverses conditions expérimentales. Le modèle analytique est validé par des résultats expérimentaux.

En se basant sur des données expérimentales de fuites massiques et sur un modèle mathématique décrivant le comportement d'étanchéité du joint, Kobayashi et al. (2001) ont suggéré un modèle de fuite pour prédire l'écoulement à travers des joints plats. Dans ce modèle, l'écrasement du joint suite à la charge appliquée est considéré comme étant un paramètre essentiel pour caractériser la fuite à travers ce joint. L'avantage principal de ce modèle de prédiction de fuite est la prédiction des fuites pour des conditions d'opérations non testées à partir de mesures de fuites réalisées sur un certain nombre de joints écrasés à différentes épaisseurs.

Parmi les rares travaux ayant porté une attention particulière à la modélisation numérique pour prédire le taux de fuites dans les assemblages à brides boulonnées, on trouve l'étude menée par Takaki et al. (2004). Ces auteurs ont utilisé un modèle axisymétrique simple. Dans leurs travaux, les effets de la rotation des brides sur les performances d'étanchéité du joint et le comportement mécanique de la bride ont été examinés. De plus, différentes largeurs de joints et épaisseurs de brides ont été modélisées. En se basant sur des conditions de fonctionnement idéales, le modèle numérique proposé basé sur la contrainte moyenne du contact du joint permet de prédire les fuites avec des conditions réelles d'utilisation des brides boulonnées.

L'analyse de fuite d'un joint d'étanchéité en fibre de verre renforcée de plastique (GFRP) utilisé dans des brides est présentée dans les travaux d'Estradaa et al. (1999). Un modèle d'analyse 3D et un modèle axisymétrique sont développés avec un matériau de joint orthotrope. L'évolution de la fuite suite à la perte du contact entre le joint et les surfaces de la bride est donnée sous forme d'un graphique. Ils ont déterminé que le comportement de la fuite est mieux représenté par un modèle axisymétrique que par un modèle de 3D, car le modèle axisymétrique donne la possibilité de permettre à la pression de pénétrer dans l'espace où le contact entre le joint et les surfaces de la bride est perdu.

Les travaux déjà mentionnés s'intéressent à la prédiction des fuites à travers les joints d'étanchéité pour un fluide gazeux. Dans le cas des écoulements liquides, les recherches qui portent sur la prédiction des fuites liquides à travers le joint d'étanchéité sont quasi inexistantes. Parmi ces rares recherches, citons celle menée par Vignaud et al. (1993) sur l'écoulement bi-phasique. Dans cette étude, une investigation expérimentale a été effectuée avec la vapeur. Des joints en graphite expansé matricé ont été testés. Les auteurs ont utilisé la loi de Poiseuille pour prédire de faibles débits de fuites d'eau et de vapeur d'eau à partir des mesures de fuites d'un gaz de référence, soit l'hélium. Les auteurs ont constaté que d'autres phénomènes comme la capillarité et la mouillabilité interviennent durant le processus de mesure des fuites liquides, ce qui a pour effet de remettre en cause le modèle de prédiction de fuites. Une modélisation analytique plus appropriée impliquant des conditions aux rives des capillaires plus représentative s'avère donc nécessaire pour être en mesure de mieux prédire les fuites liquides.

Dans un autre travail mené par Asahina et al. (1998), la procédure du test ROTT sur un joint plat en fibre compressé a été appliquée, et une équation de conversion des fuites gazeuses en fuites liquides a été utilisée pour prédire les fuites liquides. Celle-ci est basée sur le rapport des viscosités multiplié par l'inverse de la pression moyenne. Dans cette étude, une méthode de mesure des fuites liquides est aussi proposée. Cette méthode est basée sur l'identification du volume du liquide avant et après que le gaz soit dissout dans le liquide. Elle montre l'importance de la détermination des paramètres caractérisant le comportement d'un joint vis-à-vis des fuites liquides.

Suite à la recherche bibliographique sur les micros écoulements, nous avons conclu que l'écoulement à travers un milieu poreux peut être régi soit par la loi de Darcy qui se base sur une simple différence de pression, soit par un écoulement de Knudsen dans lequel les effets de glissement aux parois doivent être pris en compte. Alors, la loi de Darcy est valable aussi longtemps que le nombre de Reynold est suffisamment faible, le fluide peut être considéré comme incompressible et newtonien et le milieu poreux est fixé (Hellström et Lundström, 2006).

1.7 Procédures expérimentales de caractérisation d'étanchéité d'un joint

Les fuites à travers le joint d'étanchéité des assemblages à brides boulonnées constituent un phénomène très complexe. Depuis les trois dernières décennies, plusieurs travaux ont été réalisés en mettant un fort accent sur les procédures expérimentales visant à caractériser les joints vis-à-vis de leurs performances d'étanchéité.

D'autre part, deux catégories de travaux concernent les procédures de test et de caractérisation des joints. La première renvoie aux travaux ayant contribué à la standardisation des procédures d'essais de joints d'étanchéité. Parmi les plus marquants, citons ceux de Bazergui et al. (1988) qui ont proposé une procédure d'essai de joint d'étanchéité à haute température. On trouve aussi les travaux de Bazergui et al. (1988), Payne et al. (1989) et plus récemment, ceux de Derenne et al. (1998). Cette procédure permet de mesuré uniquement les fuites gazeuses des joints d'étanchéité de faible performance.

La deuxième catégorie d'essais a été développée pour déterminer des constantes de joint pour une utilisation dans la conception des assemblages à bride boulonnées munis de joint d'étanchéité sans égard aux prédiction de fuite. Dans la partie suivante seront présentées les principales procédures expérimentales utilisées pour caractériser les fuites à travers un joint d'étanchéité, en fonction des conditions d'opérations. Leurs caractéristiques sont également discutées.

Parmi les procédures expérimentales servant à caractériser l'étanchéité d'un joint, l'essai ROTT est le test le plus connu à travers la planète. Il a été développé par le laboratoire d'étanchéité TTRL (Tightness Testing Research Laboratory) de l'École Polytechnique de Montréal et fait l'objet d'un avant-projet de norme ASTM.

La machine qui permet de faire l'essai ROTT est une machine du type servo-hydraulique ou la charge appliquée sur le joint est contrôlée en tout temps sauf pendant la mesure de fuite pour éviter les perturbations dans la lecture des signaux. Typiquement, le test ROTT contient deux parties (Derenne, Payne et

42

Marchand, 1994). La partie **A** représente le serrage initial du joint. On augmente le niveau de contrainte de compression du joint et à chaque niveau de contrainte, la fuite est mesurée à une pression donnée d'hélium. Cette partie nous permet de déterminer la contrainte d'assise du joint. Quant à la partie **B,** elle simule les conditions de pressurisation du joint. On accomplit des cycles de chargement et de déchargement pour quatre ou cinq contraintes différentes et durant ces cycles, la pression d'hélium est maintenue constante tandis que le taux de fuites est mesuré pour chaque valeur fixe de la contrainte.

Pour simuler les conditions opératoires réelles, la méthode ROTT ne permet pas seulement de mesurer le taux de fuites et l'écrasement du joint durant la phase d'assemblage, mais également pendant la phase d'opération ou de pressurisation ou le joint subit un déchargement de contrainte ou une décompression (Huang et Lee, 2001a). Cependant, il est important de noter que ce test d'étanchéité se déroule à température ambiante.

La Figure 1.6 et la Figure 1.7 exposent un exemple de données obtenues à partir de l'essai ROTT sur un joint en PTFE.

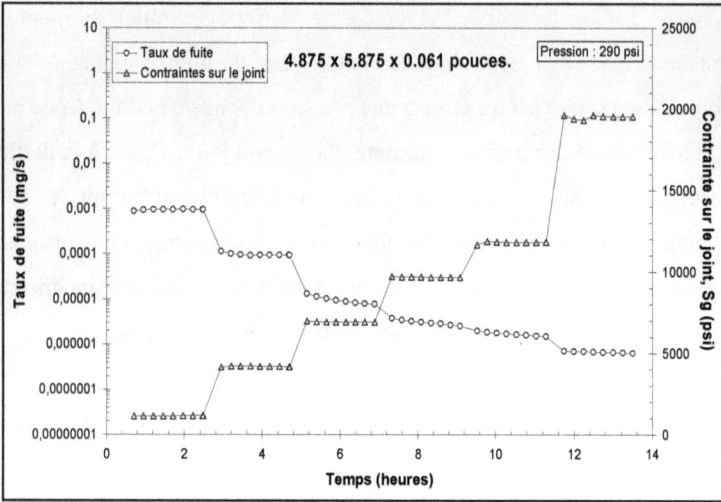

Figure 1.6 Taux de fuite en fonction des contraintes, pour un joint
PTFE réalisé selon le test ROTT_LP (Low pressure)

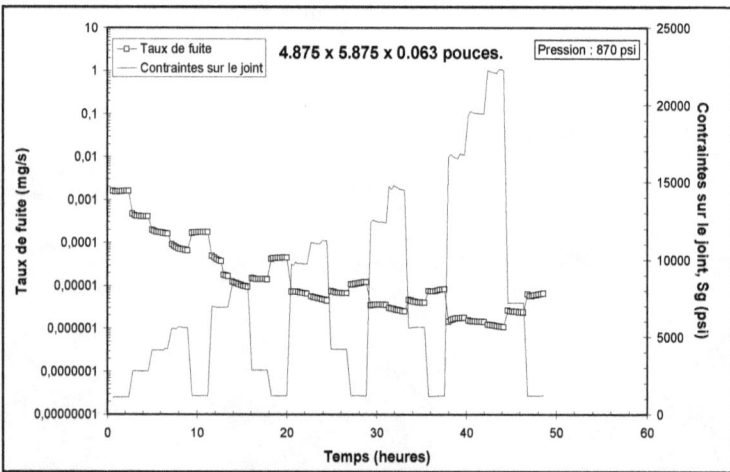

Figure 1.7 Taux de fuite en fonction des contraintes, pour un
joint PTFE réalisé selon le test ROTT_HP (High pressure)

La procédure expérimentale réalisée par Masi (1998) est effectué sur un montage de brides réelles où la charge n'est pas contrôlée. La variation de la fuite est donnée en fonction de la pression interne mesurée pour chaque niveau de contrainte sur le joint, successivement avec trois types de gaz. L'avantage principal de cette procédure est d'assurer un maximum de correspondances entre les conditions d'essai proches de la réalité lors des mesures de fuite pour les différents gaz testés. Cette procédure possède néanmoins deux inconvénients. Le premier est due à la diminution de l'épaisseur du joint avec le temps produite par le fluage. En effet dans le cas d'un assemblage à brides réelles, le fluage s'accompagne de la relaxation de la contrainte sur le joint. La contrainte appliquée sur le joint lors de mesures de fuites avec différents gaz ne sera donc pas rigoureusement la même vue que les caractéristiques de porosité changent. Le second inconvénient de la procédure provient du fait qu'un même joint soit traversé successivement par différents types de gaz. Le même montage d'essai est aussi utilisé lors de l'étude menée par Marchand et al. (2005).

Pour mieux prédire les fuites à travers les joints d'étanchéité dans l'étude réalisée par Batista et al. (1995), la détermination de la fonction de porosité caractérisant le matériau poreux du joint s'est avérée nécessaire. C'est pourquoi une procédure d'essai expérimentale a été élaborée dans ce sens. Pour chaque niveau de contrainte, une mesure de fuite à cinq niveaux de pression différents a été effectuée afin d'obtenir une régression linéaire de la fonction de porosité en relation avec le débit massique. De plus, des cycles de chargements et de déchargements ont été testés pour caractériser le joint à différents états.

45

Dans les travaux de Vignaud et al. (1993), des essais de fuite ont été pratiqués dans les deux situations suivantes:

1)   Conditions optimales de fonctionnement du joint : le contact métal/métal des surfaces des brides demeure parfaitement maintenu pendant toute la durée de l'essai. Le contact métal/métal de l'assemblage permet de contrôler l'écrasement du joint et donc à maintenir une épaisseur constante de celui-ci;

2)   Condition de fonctionnement accidentel : desserrage de la boulonnerie (relaxation des efforts dans l'assemblage, diminution rapide de la température, efforts excessifs sur le joint, etc).

Les expériences de Kobayashi (2007) couvrent généralement la mesure du taux de fuite en suivant une procédure de test correspondant aux conditions réelles de fonctionnement du joint. Cette procédure consiste à charger et décharger le joint avec des niveaux de contraintes différents et selon un ordre préétabli. Dans cette procédure d'essais, le joint est chargé à la moitié de sa capacité de chargement maximum, pour ensuite être déchargé jusqu'au huitième de celui-ci. Le joint est par la suite rechargé à sa pleine capacité, puis déchargé de nouveau. Cette procédure d'essais simule la condition d'assise et la condition de pressurisation des joints d'étanchéité. Les résultats ont montré que le taux de fuite diffère après chaque cycle de chargement et de déchargement, faisant en sorte que le comportement de la fuite devient complexe et difficile à formuler.

Tsuji et al. (2001) ont proposé une nouvelle méthode d'évaluation de l'étanchéité du joint. Celle-ci est basée sur la relation entre le paramètre d'étanchéité et la déformation du joint, plutôt que sur la contrainte exercée sur le joint. D'après les résultats expérimentaux, la fuite du joint est indépendante de la contrainte et directement reliée à la déformation du joint. Il convient de noter également que cette méthode présente certains avantages :

- La règle de conception du joint se simplifie en regard de la règle courante, puisqu'une seule courbe d'étanchéité du joint est obtenu pour une pression donnée représentant à la fois les chargements et les déchargements (ces courbes représentant la relation entre le débit d'écoulement et l'écrasement du joint ont été observées par Bouzid et al. (2004);

- Le temps d'essai est raccourci, alors il n'y a aucune nécessité d'effectuer le processus de déchargement;

- Cette déformation de joint rend possible l'évaluation de la fuite, incluant l'influence du fluage de joint et de la relaxation des contraintes.

Dans un joint à flasque, la distribution des contraintes n'est pas uniforme. D'ailleurs, il est difficile de mesurer expérimentalement la contrainte sur le joint, alors que l'évaluation de l'écrasement du joint est plutôt aisée au moyen d'un capteur de déplacement. Par conséquent, l'évaluation de la fuite est possible en employant la déformation de joint simplifiée sans avoir à utiliser les règles d'analyse complexe de conception des assemblages à brides.

1.8 Régimes d'écoulement à travers un joint d'étanchéité

Les travaux antérieurs démontrent clairement qu'il s'agit en fait de trois équations décrivant les différents régimes d'écoulement des fuites de gaz à travers les joints d'étanchéité des assemblages à brides boulonnées :

1.8.1 Régime d'écoulement laminaire

Les capillaires représentant le matériau poreux du joint sont supposés avoir un diamètre suffisamment large pour que l'écoulement dans le cas d'un gaz suit la théorie de Poiseuille (Masi, Bouzid et Derenne, 1998) et (Marchand, Derenne et Masi, 2005). L'écoulement est alors correctement modélisé par les équations de Navier-Stokes, associées aux conditions limites d'adhérence aux parois (régime continu). Cette situation s'explique par la continuité de la température et de la vitesse à la paroi. L'équation suivante, pour un écoulement laminaire visqueux, décrit le taux de fuite de gaz traversant un joint dans un assemblage à brides boulonnées :

$$L_{rm} = \frac{\pi N_l D_l^4}{128L} \frac{1}{v^*} \frac{\left(P_{in}^2 - P_{out}^2\right)}{2P^*} \tag{1.2}$$

1.8.2 Régime d'écoulement moléculaire

Dans ce type d'écoulement, les capillaires sont considérés comme étant assez petits pour que l'écoulement suive la loi de Knudsen (Masi, Bouzid et Derenne, 1998). De plus, les collisions intermoléculaires sont négligeables dans ce régime d'écoulement, comparativement aux collisions entre les particules du gaz et la paroi du domaine d'écoulement (Barber et Emerson,

2006). Selon la loi de Knudsen, le taux de fuites est proportionnel au gradient de pression du fluide à travers la longueur des capillaires et s'obtient à l'aide de la formule suivante :

$$L_{rm} = \frac{N_m D_m^3}{6L} \sqrt{\frac{2\pi M}{RT^*}} \left(P_{in} - P_{out} \right) \tag{1.3}$$

1.8.3   Régime d'écoulement intermédiaire

Selon ce régime d'écoulement, le joint est constitué d'un ensemble de capillaires composés de différents diamètres, de façon à ce que l'écoulement à travers le joint se situe entre le régime laminaire et le régime moléculaire. Le taux de fuites résulte de la combinaison des deux régimes d'écoulement déjà mentionnés, à savoir les modèles laminaire et moléculaire :

$$L_{rm} = \frac{\pi N_i D_i^4}{128L} \frac{1}{v^*} \frac{\left(P_i^2 - P^{*2} \right)}{2P^*} + \frac{N_i D_i^3}{6L} \sqrt{\frac{2\pi M}{RT^*}} \left(P_i - P^* \right) \tag{1.4}$$

Par ailleurs, depuis quelques années, la recherche en micro fluidique est entrée dans une phase particulièrement active (Jiang et al., 1995; Koo et Kleinstreuer, 2003; Wu, Pruess et Persoff, 1998). Cependant, les outils de modélisation des micro écoulements demeurent peu développés (Colin et al., 2003). La modélisation des micros écoulements gazeux nécessite de prendre en considération plusieurs échelles de longueur caractéristiques, telles que δ, d, λ et k_n (Colin et al., 2003). La principale échelle différenciant les régimes d'écoulement représente le nombre de Knudsen, tel qu'illustré à la Figure 1.8 (Barber et Emerson, 2006; Beskok et Karniadakis, 1999; Colin et Baldas,

2004; Karniadakis, Beskk et Aluru, 2005). Le nombre de Knudsen se définit comme le rapport du libre parcours moyen des molécules λ sur une longueur caractéristique L de l'écoulement.

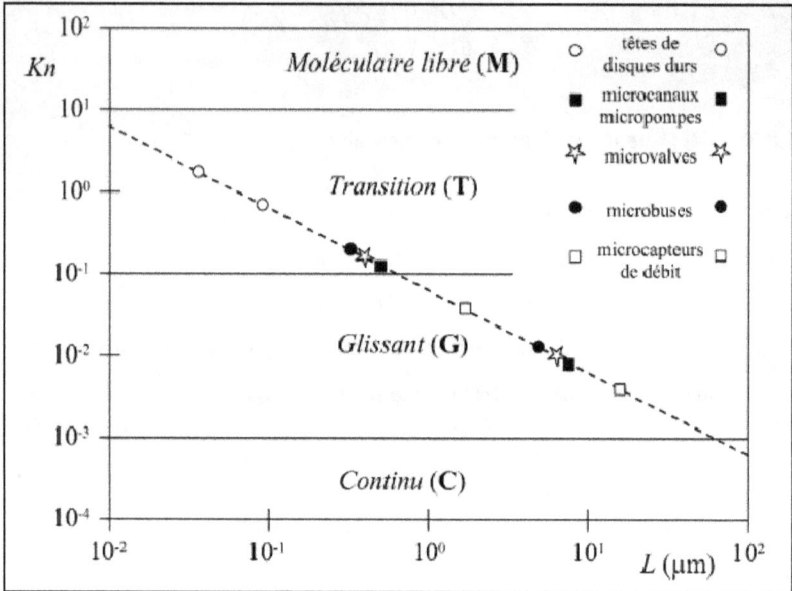

Figure 1.8 Dimensions caractéristiques des microsystèmes à fluides typiques et plage de Knudsen correspondant aux conditions standards

Tirée de Karniadakis, Beskk et Aluru (2005)

D'après la Figure 1.8, en plus des régimes d'écoulement classiques déjà mentionnés, on remarque bien la présence d'un autre régime d'écoulement, dit glissant, pour un nombre de Knudsen variant entre $10^{-3} < K_n < 10^{-1}$. Dans cette plage et donc pour ce régime, les équations de Navier–Stokes sont toujours applicables en prenant en compte obligatoirement des sauts de vitesse et de température aux parois. Ceci résulte d'un déséquilibre thermodynamique apparaissant en priorité près des frontières solides, là où le gaz n'occupe qu'un demi-espace (Colin et Baldas, 2004). Ces sauts sont déterminés à partir d'un bilan local de quantité de mouvement et d'énergie à la paroi. Les détails de la procédure d'élaboration de modèle d'écoulement qui présente ce régime sont mentionnés dans l'annexe 1.

1.9   Taux de fuites des liquides

À ce jour, dans le cas des micro-écoulements liquides, l'analyse théorique est nettement moins avancée. Les liquides présentent une surface libre créant une tension superficielle et ils réagissent de diverses façons avec la paroi des solides qu'ils mouillent. Le comportement du liquide, face au joint, est donc difficilement prévisible (Vignaud et Massart, 1993).

D'après Jolly et al. (2006), le modèle d'écoulement des milieux poreux, basé sur la loi de Klinkenberg, est plus utile pour la prédiction du taux de fuites des liquides.

Le taux d'écoulement d'un fluide incompressible à travers deux plateaux annulaires saturés de pores s'exprime par le biais de l'équation suivante :

$$L_{rm} = \frac{\pi \rho_l t k_v P_0 \left(P^* - 1\right)}{\mu_l \ln\left(\dfrac{r_0}{r_i}\right)}$$

(1.5)

1.10   Conclusion

Les études présentées dans cette partie décrivant le comportement
thermomécanique des joints d'étanchéité et la nature de l'écoulement dans les
matériaux poreux tel que les joints d'étanchéité, montrent bien la complexité
du problème de prédiction de fuite à cause de plusieurs paramètres difficile à
déterminer.

À température ambiante, les études sur l'effet de la géométrie du joint, de l'état
des surfaces métalliques, du type de fluide et des différents régimes
d'écoulement (laminaire, moléculaire, intermédiaire, perméation, écoulement
interfacial, etc.), ont été tentativement appliqués aux joint d'étanchéité par
plusieurs chercheurs. Leurs résultats éclaircirent bien le phénomène de fuites
dans les assemblages boulonnées mené d'un joint d'étanchéité. Cependant, ces
recherches aussi, mettent en évidence que le taux de fuites dans les
assemblages à brides boulonnées dépend non seulement des paramètres
géométriques (largeur des joints, dimensions des brides,...) et conditions
d'opérations (contrainte d'assise, pression, ...), mais aussi de l'identification
de la structure interne des matériaux des joints.

Toutefois, les causes possibles de défaillance d'étanchéité des assemblages à
brides boulonnées liées au joint peuvent être regroupées en trois catégories
principales. D'abord, on trouve des paramètres géométriques dans lesquels la
largeur et la déflexion du joint influencent beaucoup la résistance à
l'écoulement. Ensuite, il faut nommer les paramètres d'opérations représentés
par la contrainte sur le joint, la pression et la température du fluide qui fuit.

Soulignons enfin les paramètres du matériau, désignés par la porosité et la perméabilité du matériau poreux des joints.

D'après notre recherche bibliographique sur la modélisation analytique des micro-écoulements et notamment ceux à travers les milieux poreux, les taux de fuite dans les assemblages boulonnées sont régis par les lois habituelles de la physique des fluides dont lesquels les taux de fuites sont calculés en fonction de la pression et de la température du type du fluide. Cependant, selon la nature du régime d'écoulement la relation du taux de fuite à la pression, à la température et le type de fluide est différente.

La loi de Darcy est adéquate pour décrire les écoulements importants qui présentent un nombre élevé de Reynold. Le flux de poiseuille décrit bien les micro-écoulements, mais dans le cas d'un écoulement à travers un milieu poreux (la longueur caractéristique est de l'ordre de 1 micron) certaines conditions aux rives concernant la vitesse et la température s'imposent. Les effets d'entrée et de sortie des capillaires doivent aussi être pris en considération pour une longueur de fuite moins importante, de ce fait des régimes modérément raréfiés (slip régime) sont présents.

Les premières études menées pour prédire la fuite des gaz à travers le joint se sont limitées à un modèle de régime d'écoulement laminaire. Dans ce cas, l'écoulement est considéré comme étant homogène et isotrope. Cette approche est valide pour les matériaux présentant un taux de fuites important, tel que l'amiante. Sachant que les nouveaux matériaux de substitution sont plus performent que l'amiante, le modèle d'écoulement laminaire n'est donc pas adéquat. En se basant sur le fait que le joint se compose d'un ensemble de capillaires de longueur uniforme, formant le chemin de fuite entre le diamètre

53

intérieur et le diamètre extérieur du joint, des modèles d'écoulement de fuite combinant le régime moléculaire et le régime laminaire ont été proposés par plusieurs chercheurs afin de prédire le taux de fuite à travers les joints, sous différentes conditions d'opération. Cependant, ces modèles imposent certaines restrictions (Marchand, Derenne et Masi, 2005):

- Ils ne tiennent pas compte de la perméation présente dans certains types de joints;

- La taille et le nombre de capillaires existant dans le matériau du joint ne peuvent être connus avec précision;

- La porosité du joint est considérée comme étant seulement dépendante de l'écrasement du joint;

- La tension de surface et les effets de glissement qui apparaissent dans le cas des écoulements dans un milieu poreux sont ignorés.

Parmi ces restrictions les effets de raréfaction qui se présentent pour un écoulement dans un milieu poreux et la caractérisation géométrique de la structure interne du joint sont les plus significatives, donc proposer un nouveau modèle de prédiction de fuites s'avère nécessaire.

Comme le suggèrent les différents aspects traités par les études antérieures et présentés précédemment dans la revue bibliographique, il est nécessaire d'avoir un modèle d'écoulement plus performant pour améliorer et compléter les recherches dans le domaine de la prédiction des fuites à travers les joints

54

d'étanchéité des assemblages boulonnés. Il est donc d'intérêt pratique, pour mieux évaluer la performance d'étanchéité des joints, de proposer une modélisation analytique avec une approche théorique afin de prédire avec précision les fuites à travers le joint d'étanchéité, en se basant sur la détermination du réseau d'écoulement (nombre et la taille des pores) que constitue le joint en fonction de différentes conditions d'opération. Plus encore, une attention particulière doit être portée à l'effet de la température sur l'écoulement des fuites qui n'est pas pris en considération dans la majorité des études de prédiction des fuites déjà réalisées.

1.11   Objectif de la thèse

Dans un premier lieu, il est important de rappeler que le respect des normes environnementales constitue un enjeu planétaire. Les joints d'étanchéité représentent le maillon faible des installations et équipements sous pression. Les équipements industriels ont l'obligation de satisfaire les réglementations environnementales de plus en plus strictes et les nouvelles normes de conception exigeant une évaluation précise des émissions fugitives provenant des fuites. Le joint sélectionné doit être en mesure de réaliser une étanchéité irréprochable des produits confinés. Cependant, la prédiction des fuites dans les joints d'étanchéité requière une modélisation appropriée et adéquate de l'écoulement qui peut évoluer avec les conditions réelle d'opération. Les recherches entreprise laissent entendre qu'il est intéressant d'étudier d'autres régimes d'écoulement (de glissement par exemple) de façon à développer progressivement une modélisation plus réaliste des écoulements des fuites à travers un joint d'étanchéité et qui prend en considérations toutes ces particularités telles que les sauts de vitesses et températures aux parois, écoulement raréfié ainsi que l'évolution de la porosité suite aux changements de la contrainte et de la température.

Notre travail s'inscrit dans cette démarche et propose de prédire les fuites à travers les joint d'étanchéité utilisés dans les assemblage à brides boulonnés, en ayant pour objectif général de mieux comprendre les mécanismes de fuites à partir du développement et de l'exploitation d'un modèle d'écoulement plus adapté, tout en tenant compte des divers phénomènes de transport et d'échange à l'échelle microscopique.

La méthodologie préconisée pour réaliser ce sujet de recherche est la suivante :

- Réaliser une étude analytique de l'écoulement des fluides à travers les milieux poreux, en particulier les joints. Développer un modèle théorique pour prédire avec précision les fuites à l'échelle microscopique, voire nanométrique;

- Mettre au point un montage expérimental. Effectuer des essais sur plusieurs joints, en faisant varier les conditions expérimentales (taille des pores, pression, contrainte...);

- Identifier expérimentalement les régimes d'écoulement existant dans les différents joints;

- Établir un lien entre le comportement mécanique et l'étanchéité pour différents types de joints.

56

CHAPITRE 2

MONTAGES EXPÉRIMENTAUX

2.1   Introduction

La fonction prim aire d'un j oint consiste à créer et à maintenir une étanchéité entre les brides dans d es conditions pouvant varier sensiblement d'un assemblage à l'autre, selon la nature et le type de l'application. Lors des essais de m esures de fuites, il est nécessaire de tenir compte de nom breux facteurs expérimentaux.

Afin de valider nos m odèles et nos approches théorique s développés dans cette étude, les résultats ont fait l'objet d'une vérification expérimentale. Dans le souci d'obtenir des résultats précis, nous avons utilisé deux bancs d'essai pour réaliser la caractérisation en étanchéité des j oints sous différentes conditions expérimentales. Ces résultats doivent refléter au mieux les conditions réelles d'utilisation des joints d'étanchéité. Les bancs d'essai se composent de trois parties principales : la partie de mise sous pression, la partie de détection des fuites et la partie hydraulique. La description des divers éléments intégrés aux montages est abordée dans ce chapitre.

Les deux bancs d'essai em ployés dans le cadre de c ette étude s ont le banc d'essai ROTT et le banc d'essai UGR. Le premi er permet d e car actériser les joints d'ét anchéité à la température am biante. Quant au second, il permet de traiter le com portement des joints d' étanchéité sous l 'influence de la température. De plus, ce montage rend possible la mesure des fuites liquides.

Les deux montages dont il est question ici sont de type brides à face surélevée, c'est-à-dire qu'un joint est placé dans une gorge, permettant aux boulons de serrer le dispositif et d'écraser le joint. Les différents dispositifs essentiels, ainsi que le principe de fonctionnement de chaque montage sont détaillés dans le présent chapitre.

2.2   Joints testés

Les équipements de procédés pétrochimi ques, tels que les raccordements des tuyaux et les brides boulonnées, sont im pliqués dans la majorité des émissions fugitives. Ces équipements sont m unis de joints d'étanchéité de différents matériaux pour parvenir à m ieux lim iter la fuite de fluide confiné dans une enceinte. Sur le m arché, il existe une vaste gamme de matériaux pour la fabrication des joints. Cependant, dans notre étude les joints utilisés permettent d'avoir un large intervalle de taux de fuites pour mieux les caractériser. Les joints en usage dans notre étude sont ceux en feuilles de graphite expansé, ceux en Teflon et ceux en fibres compressées.

La géométrie des joints testés sur le montage ROTT présente une épaisseur de 1/16", peu ou très com pressible, avec des diamètres intérieurs et extérieurs de 4.875" et 5.875' ' respectivement. Tandis que pour le montage UGR, les diamètres intérieurs et extérieurs mesurés sont respectivement de 2" et 3", avec une épaisseur de 1/16".

2.3   Fluides utilisés

Les gaz utilisés dans cette étude sont l'hélium (He), l'air, l'argon (Ar) et l'azote (N2). Ce choix se justifie, car l' hélium représente le gaz de référence utilisé dans les essais AS ME-ROTT, tandis que les autres gaz présentent une gamme de poids moléculaire et de viscosité cinématique variés.

Pour faire des essais de mesures de fuites avec des liqui des, notre choix s'est porté sur l'eau et le kérosène comme li quides de tests, alors que l'argon a été choisi comme gaz de référence, car des faibles contraintes et pressions sont nécessaires pour réussir ces essais. Le choix de ces liquides est motivé par le fait que l'eau constitue le liquide habitu el dans la plupart des installations industrielles, alors que le kérosène présente des propriétés différentes par rapport à l'eau, donc un niveau de fuites différent.

2.4   Banc d'essai ROTT

Pour pouvoir valider nos m odèles analytiques de prédiction de fuites à t ravers des joints d'étanchéité, il est primordial d'avoir un banc d'essai reproduisant fidèlement les conditions normales d'étanchéité retrouvées dans les installations industrielles.

Le banc d'essai ROTT a été conçu pour mesurer les fuites du joint en fonction de plusieurs param ètres géométriques, de même que des matériaux et des conditions expérimentales, te lles que la pression et la contrainte. Ce montage permet d'obtenir une distribut ion uniforme de la charge sur le joint, sans rotation des brides, car le joint est compressé entre deux plateaux rigides par le biais de la charge de tensiomètre hydraulique.

Les composants et instruments de mesure faisant partie du banc d'essai ROTT sont :

- Brides standards de classe 90, permettant une grande plage de conditions de fonctionnement. Le diamètre extérieur de la bride est de 11,5'', avec une épaisseur de 1, 75''. Cette catégorie de brides supporte une pression de gaz allant jusqu'à 2000 psi. Pratiquement, pour obtenir une bonne étanchéité il n'est pas concevable de comprimer le joint entre des brides fortement polies plutôt que rugueuses. Donc, il est important de noter que la finition des surfaces internes des brides utilisées dans cette étude présente une rugosité de 32 microns;

- 8 boulons de type 7/8-14 B7 de la norme A-193 UNF ont été choisis pour mieux contrôler le serrage des boulons, donc la charge sur les joints. Ces boulons ont été usinés pour pouvoir installer des jauges de contraintes, ce qui nous permet de déterminer les charges appliquées sur le joint. Afin d'avoir un écrasement uniforme du joint d'étanchéité, les boulons sont contrôlés par des tensionneurs hydrauliques permettant l'application d'une même charge sur l'ensemble des boulons;

- Quatre capteurs de déplacement LVDT sont nécessaires pour mesurer l'écrasement du joint sous l'action de la charge appliquée et de la rotation des brides. Les LVDT utilisés présentent une précision de lecture allant jusqu'à 0,01 %;

- Deux joints toriques présents sur le montage, pour empêcher toute fuite externe et/ou interne sur le système pressurisé. Le premier est installé directement sur la partie mâle qui porte la bride supérieure pour assurer une étanchéité interne, et le second joint est positionné dans une gorge

61

usinée sur la bride i nférieure pour permettre justement une étanchéité externe;

- Une bouteille de gaz pour le système de pressurisation, contrôlée par une valve munie d'un actionneur pneumatique afin d'assurer une pression constante du gaz dans le système;

- Un réservoir de rétentio n pour détendre le gaz utilisé co mme moyen de sécurité dans le cas des mesures de fuites d'ordre important;

- Un manomètre à cadran pour indiquer la pression à laque lle le système est soumis;

- Un système d'acquisition de données (DAQ), qui enregistre les différents paramètres expérimentaux (température, pression, contraintes,...);

- Des thermocouples de type K, un débitm ètre et des capteurs de pression différentiels, tous reliés au système d'acquisition de données;

- Une soupape de sûreté pour protéger les capteurs de pression ainsi que le spectro mètre de ma sse, des valves pneumatiques et des valves manuelles. Ces valves sont em ployées soit pour réaliser une enceinte étanche afin de mesurer la fuite, so it pour régler l a pression du gaz de mise sous pression, ou tout simplement pour purger un gaz.

En plus de ces équipements, on trouve des composantes de la tuyauterie, comme des tubes, connecteurs, unions et raccords.

Les paramètres mesurés sont :

- La contrainte sur le joint;
- La pression interne du gaz;
- La température du gaz;
- Le temps;
- La mesure de l'écrasement du joint;
- La rotation de la bride;
- Le taux de fuites.

La mesure de ces paramètres est utile pour com prendre le comportement du joint et ajuster le modèle de prédiction du taux de fuites.

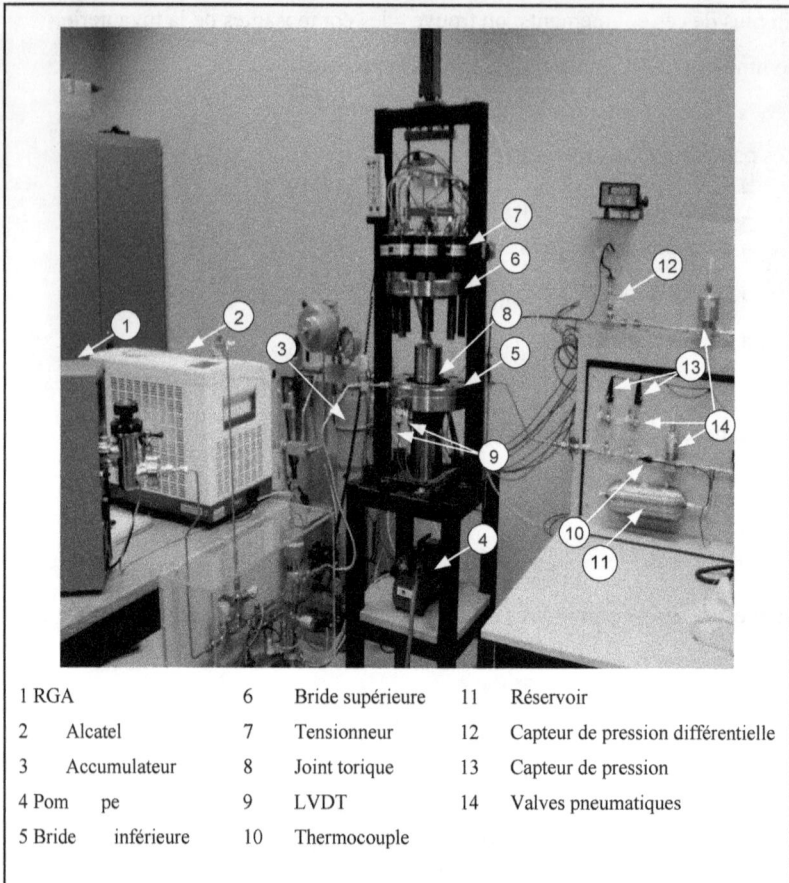

1 RGA	6	Bride supérieure	11	Réservoir
2 Alcatel	7	Tensionneur	12	Capteur de pression différentielle
3 Accumulateur	8	Joint torique	13	Capteur de pression
4 Pom pe	9	LVDT	14	Valves pneumatiques
5 Bride inférieure	10	Thermocouple		

Figure 2.1 Principales composantes du banc d'essai ROTT

2.5 Banc d'essai UGR

En plus de l'effet mécanique, ce banc d'essai perm et de caractériser l'étanchéité des joints en prenant en com pte l'effet thermique qui, à court terme, provoque des micros déplacements relatifs à l'écrasement du joint et donc à la diminution des fuites. Ce montage contient la majorité des composantes déjà susmentionnées pour le montage ROTT. Toutefois, la particularité du montage UGR est qu'il dispose d'éléments de chauffage permettant de chauffer le joint ainsi que le fluide à une température allant jusqu'à 400 °C. En outre, les principales différences entre le montage UGR et le montage ROTT se résument à la dimension des brides (diamètre extérieur), qui est de 4,5"dans le cas du montage UGR au lieu de 11,5" pour le montage ROTT, et à la disposition du montage, muni d'un seul boulon avec tensionneur hydraulique et de deux capteurs LVDT dans le cas de l'UGR, au lieu de huit boulons et de quatre capteurs pour le montage ROTT.

Ce banc d'essai est également utilisé pour mesurer les fuites liquides. Dans ce cas, on a eu recours à certains arrangements sur le banc d'essai, comme l'utilisation d'un accumulateur pour séparer le gaz et le liquide. Comme pour le banc d'essai ROTT, l'acquisition des données s'effectue par le biais d'un programme Labview. Toutefois, le contrôle de la pression du fluide et de la contrainte sur le joint se fait manuellement.

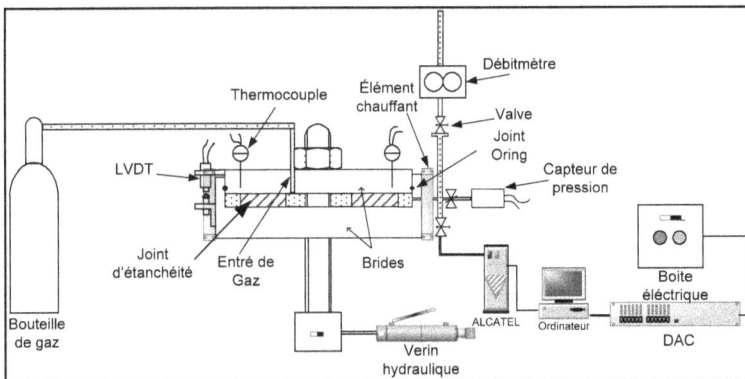

Figure 2.2 Schéma du banc d'essai UGR

2.6   Mesure de la fuite

Les deux bancs d'essai susmentionnés comportent quatre modes de mesure de fuites. Pour le banc d'essai ROTT, le programme LABVIEW utilise un mode de détection de fuit es par rapport à un autre en fonction du niveau de fuites présent, tout en excl uant le système de détection de fuites par le RGA, étant donné que ce dernier comporte un programme à part. Par ailleurs, sur le banc d'essai UGR, le choix d'un mode de mesure par rapport à un autre se fait manuellement. En raison de la sim ilitude des techniques de mesure de fuites dans les deux bancs d'essai, dans ce qui suit nous d écrirons seulement celles du banc d'essai ROTT.

2.6.1   Mesure de fuite par débitmètre

Il s'agit de la méthode la plus directe em ployée dans le cas de fuites importantes (0,1 ml/s à 15 ml/s). Les valves 2, 13 sont fermées et les valves 5, 9 sont ouvertes pour perm ettre la me sure des fuites directement par le débitmètre n° 10 (voir la Figure 2.3).

2.6.2   Mesure de fuites par variation de pression

Les fuites intermédiaires com prises entre les fuites détectées par débitmètre et par spectrométrie se m esurent avec les te chniques de la m ontée et de la chute de pression. Les fuites de gaz par chute de pression, se calcule de la m ême façon que celle par montée de pression. La seule di fférence est notée suite aux fuites du gaz où on aura une dim inution du nombre de moles dans le cas de la chute de pression. Donc dans ce qui su it, seule la formulation avec montée de pression est présentée pour déterminer les fuites.

2.6.2.1 Montée de pression

Le principe de cette méthode est de mesurer la variation de la tem pérature et de la pression du fluide, qui est générée dans une cham bre de collecte de fuites. La loi des gaz parfaits est ensuite appliquée pour déterm iner le débit d'écoulement de fluide qui fuit.

Le fluide s'échappant du joint d' étanchéité est collecté dans le circuit de mesure et sa pression est mesurée à l'ai de d'un capteur différentiel indi quant la différence de pression entre ce circuit et la pression atmosphérique. Le volume du circuit de mesure peut varier en fonction des changements de l'épaisseur du joint.

Pour les fuites m oyennes, les valves 2, 5 sont fermées, la pressi on est mesurée par le capteur n° 4 avec une capacité maximale de 30". Pour les petites fuites jusqu'à 10^{-5} ml/s, la valve 13 est fermée, la valve 2 est ouverte. La pression est mesurée par le capteur n° 3, qui présente une capacité maximale de 1".

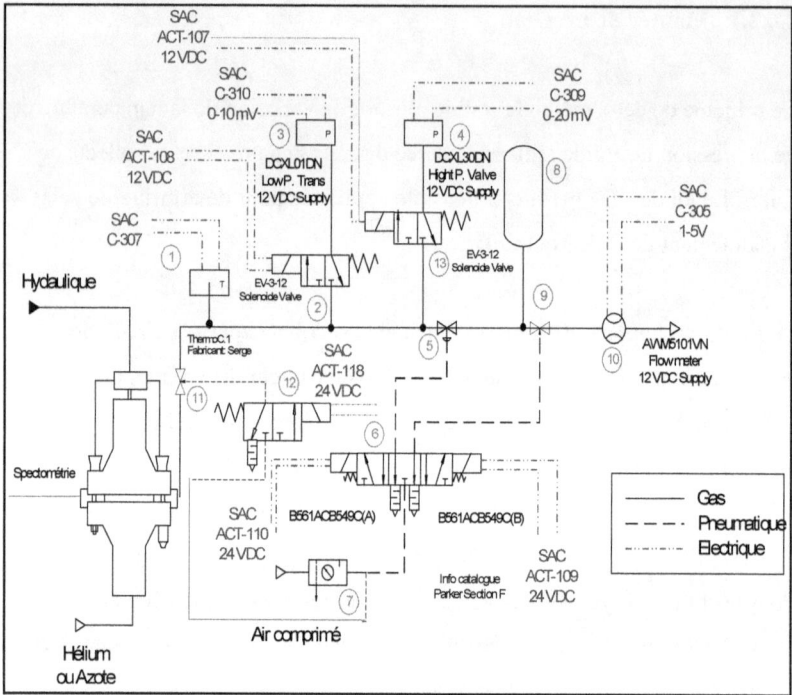

Figure 2.3 Système de détection de fuites par montée de pression

Les fuites se déterm inent à pa rtir de m esures de la va riation de la pression et de la température en fonction du tem ps, dans le circuit de collection des fuites dont le volume est connu (Bazergui et Marchand, 1984). Le principe du calcul des fuites se base sur la loi des gaz parfaits.

Le nom bre de moles n du gaz qui fuit da ns la ch ambre d e collecte de fuite s'exprime ainsi :

$$n = \frac{1}{R}\frac{P_C V_C}{T_C} \qquad (2.1)$$

Au début de la mesure, on a n1 moles, après la fuite , le nombre de moles augmente à une valeur n $_2$ et le nombre de moles de la fuite sera calculé par la formule suivante :

$$n_L = n_2 - n_1 = \frac{1}{R}\Delta\left(\frac{P_C V_C}{T_C}\right) \qquad (2.2)$$

Le taux de fuites aux conditions atmosphériques standard est :

$$L_R = \frac{n_L R}{\Delta t}\left(\frac{T_{st}}{P_{st}}\right) = \left(\frac{T_{st}}{P_{st}}\right)\frac{\Delta(P_C V_C / T_C)}{\Delta t} \qquad (2.3)$$

On a :

$$\Delta\left(\frac{P_C V_C}{T_C}\right) \approx \partial\left(\frac{P_C V_C}{T_C}\right) = \frac{P_C V_C}{T_C}\left[\frac{\partial V_C}{V_C} + \frac{\partial P_C}{P_C} - \frac{\partial T_C}{T_C}\right] \qquad (2.4)$$

La variation de la contrainte et de la température produit un changement au niveau de l'épaisseur du joint. Une relation directe existe entre le volume de la chambre de collecte des fuites et la modification de l'épaisseur du joint. Cette relation peut être déterminée si des mesures des différents paramètres expérimentaux se produisent lors d'une fuite nulle (Bazergui et Marchand, 1984).

$$\partial V_C = -K \partial D_G \qquad (2.5)$$

Avec K constant.

On substitue l'équation (2.5) dans l'équation (2.4) lorsque cette dernière s'annule :

$$K = \frac{V_C}{\partial D_G} \left[\frac{\partial P_C}{P_C} - \frac{\partial T_C}{T_C} \right] \qquad (2.6)$$

Finalement, le taux de fuites est donné par la formule suivante :

$$L_R = \frac{T_{st}}{P_{st}} \frac{P_C V_C}{T_C} \left(\frac{1}{\partial t} \right) \left[-\frac{K \partial D_G}{V_C} + \frac{\partial P_C}{P_C} - \frac{\partial T_C}{T_C} \right] \qquad (2.7)$$

On a quantifié l'effet de la variation de l'épaisseur du joint sur le volume de la chambre de collecte des fuites et l'effet de ce dernier sur le débit d'écoulement. Il a été conclu que cette effet est négligeable voire inexistant par rapport à l'effet des autres termes (pression et la température). Donc, dans le programme Labview, la formule utilisée pour quantifier le débit massique est réduite à :

$$L_R = \frac{T_{st}}{P_{st}} \frac{P_C V_C}{T_C} \left(\frac{1}{\partial t} \right) \left[\frac{\partial P_C}{P_C} - \frac{\partial T_C}{T_C} \right] \qquad (2.8)$$

2.6.2.2 Chute de pression

Le principe de cette méthode est de mesurer la chute de pression du circuit de mise sous pression dont le volume est connu. Une fois la pression appliquée par le biais du réservoir n° 1, la valve n° 12 est fermée et la chute de pression est mesurée par le capteur n° 13 (voir la Figure 2.4). Les fuites sont par la suite calculées en appliquant la loi des gaz parfaits.

Ce système peut détecter une fuite allant jusqu'à 0,001 ml/s.

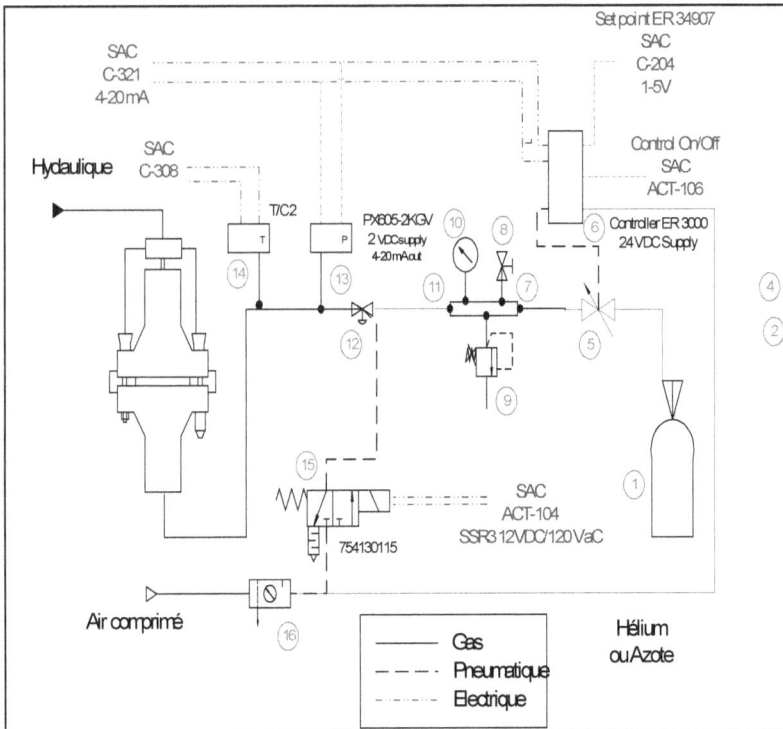

Figure 2.4 Système de pressurisation par chute de pression

2.6.3 Mesure de fuites par spectromètre de masse

La quatrième méthode de me sure de fuites concerne le spectromètre de masse connecté à un autre circuit de mesure des fuites (utilisé pour les petites fuites jusqu'à 10^{-9} ml/s). Dans le banc d'essai ROTT, il existe deux spectromètres de masse. Le prem ier, utilisé uniquem ent pour l' hélium, se nomme Adixen ADM142D et l'autre, intitulé RGA convie nt à tous les types de gaz dont la masse atomique est inférieure à 300 amu.

2.6.4 Mesure de fuites liquides

Un si mple débitmètre n'est pas capable de mesurer de faibles écoulements liquides de l'ordre de 10^{-4} à 10^{-6} m l/s. De ce fait, pour palier à ce manque d'instrument, nous avons créé un dispositif qui est capable de mesurer avec précision des fuites à cette échelle. Le principe de l'évaluation de la fuite liquide est basé sur la mesure de l'augmentation de la pression d'un volume de contrôle d'air connu à l'aide d'un capteur de basse pression de grande précision pendant un intervalle du temps donné. Le dispositif est monté dans la Figure 2.5 :

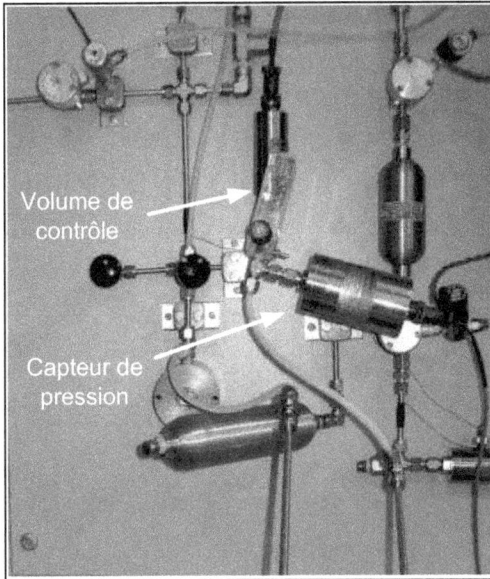

Figure 2.5 Dispositif de mesure de fuites liquides

Pour les fuites liquides, le circuit de la collecte de fuites est rempli du même fluide que celui testé, laissant seulement un petit volume d'air connu (2 ml). Toute fuite dans la chambre de la collecte des fuites, comprime le petit volume d'air, augmentant ainsi sa pression, qui sera mesurée par un capteur de pression précis. Par la suite, en se basant sur le principe de la loi des gaz parfaits, les fuites peuvent être exprimées par la relation suivante :

$$\frac{dV}{dt} = V\left(\frac{1}{T}\frac{dT}{dt} - \frac{1}{P}\frac{dP}{dt}\right) \qquad (2.9)$$

Les détails concernant les calculs des fuites liquides sont rapportés dans l'article présenté au chapitre 4.

2.7　Système d'acquisition et de contrôle des données

L'acquisition des données et le contrôle des différents équipements est effectué à partir d'un programme sur le logiciel LABVIEW, qui permet d'enregistrer les différents paramètres mis en jeu lors de l'expérience, à savoir la température, la pression, la contrainte, l'écrasement du joint, la fuite et le temps. De plus il est possible, par ce programme, de contrôler en temps réel la contrainte sur le joint et la pression interne du gaz.

2.8　Plan expérimental

2.8.1　Procédure d'essai

Dans le cas de la prédiction des fuites gazeuses et sans considération pour l'effet de la température, la procédure d'essai adoptée pour les mesures de fuites de chaque joint se résume en quatre étapes principales :

1.　Appliquer un niveau de contrainte sur le joint;

2.　Utiliser un premier gaz; les fuites seront mesurées pour différents niveaux de pression interne du gaz;

3.　Purger le premier gaz et utiliser le gaz suivant, pour ensuite mesurer les fuites en fonction de différents niveaux de pression interne. Au cours de cette étape, un temps d'attente important doit être respecté pour s'assurer que le premier gaz s'est complètement échappé de sorte à ne pas avoir de mélange de gaz dans la porosité des joints;

4. Augmenter la contrainte et refaire les étapes 2 et 3.

Les fuites seront donc mesurées pour divers niveaux de contrainte et de pression interne des gaz. Sachant que la structure poreuse interne du joint peut subir une modification importante par la température, un réajustement de la procédure est nécessaire pour les essais à haute température. Donc, en plus d'ajouter une étape supplémentaire de chauffage et de stabilisation de la température après application de la contrainte, il serait donc nécessaire de changer aussi le joint après chaque gaz testé afin d'éviter tout changement de la structure poreuse du joint dû au fluage. Après chaque changement de joint, l'écrasement du joint en fonction de la contrainte est également vérifié.

En ce qui a trait aux fuites liquides, nous avons été contraints de modifier la procédure d'essai utilisée pour les fuites gazeuses, en raison de la complexité de la mesure de fuite par montée de pression. Les étapes suivies pour réaliser cette prédiction se résument dans ce qui suit:

1. Appliquer un niveau de contrainte sur le joint;

2. Mesurer les fuites du gaz de référence pour différents niveaux de contrainte et de pression interne du gaz, afin de caractériser la porosité du joint;

Changer pour un même type de joint, appliquer du liquide et procéder à la mesure des fuites pour différents niveaux de contrainte et de pression interne. Un temps d'attente moins important par rapport aux fuites gazeuses doit être respecté dans cette étape, car les fuites liquides rencontrées dans cette étude sont de niveau important.

Dans cette étude, on admet que la structure interne du joint (porosité) reste similaire en présence du liquide et donc il n'y aucune interaction entre le matériau joint et le liquide. En effet, le graphite expansé ne réagit pas avec l'eau et le kérosène utilisés dans nos essais.

2.8.2   Calibration du spectromètre RGA 300

Le spectromètre RGA 300 est un analyseur de gaz résiduel permettant de mesurer les traces du gaz sous vide. Ce spectromètre peut détecter une fuite jusqu'à 10^{-10} ml/s.

La calibration du spectromètre de masse RGA 300 repose principalement sur la détermination des facteurs de sensibilité. Afin de pouvoir introduire les facteurs de sensibilité de la tête du spectromètre, le système de vide doit être muni d'un indicateur de pression de référence. Il existe cependant deux facteurs de sensibilité : un premier pour la pression totale et un second pour la pression partielle. Les deux facteurs sont emmagasinés dans la mémoire non volatile du RGA-ECU.

Pour déterminer les facteurs de sensibilité, la démarche suivie est la suivante :

1.   Choisir le facteur de sensibilité (partiel ou total);

76

2. Une fois la pression partielle choisie, écrire la masse pour laquelle on veut mesurer la pression;

3. Écrire la pression indiquée par l'indicateur sur le lecteur de pression de référence;

4. Appuyer sur le bouton de mesure;

5. Enfin, cliquer sur accepter pour employer le nouveau facteur (s) ou recommencer pour retourner de nouveau à l'ancien facteur.

La validation de la calibration du spectromètre RGA 300 a été réalisée en comparaison avec des fuites d'hélium détectées par le spectromètre de masse Alcatel, utilisé comme étalon (voir la Figure 2.6). De nombreuses difficultés ont été rencontrées lors de cette validation, à cause du manque de connaissance à propos du fonctionnement du spectromètre RGA 300. Par ailleurs, il faut signaler que cet appareil nécessite un temps de stabilisation plus important que le spectromètre à l'hélium vue sa capacité de pompage limitée.

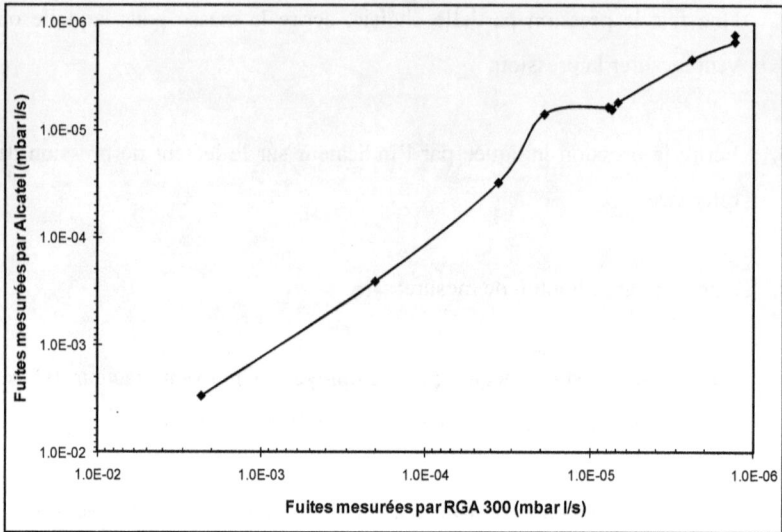

Figure 2.6 Fuites données par le spectromètre Alcatel en fonction des fuites
données par le spectromètre RGA 300

2.8.3   Compensation de la température des bancs d'essais

Nous avons réalisé plusieurs tests afin de prendre connaissance des
performances des montages expérimentaux. Ces tests ont été effectués avec
différents paramètres expérimentaux, tels que la pression du gaz, les
contraintes sur le joint et, en dernier lieu, la température pour laquelle la
variation dans le temps peut affecter les mesures de la fuite avec le
spectromètre de masse sur la machine ROTT et l'écrasement du joint avec le
banc d'essai UGR.

Ces tests ont permis de déterminer les principaux paramètres influençant les
résultats de mesure, soit :

78

- La température ambiante, qui a un effet sur les résultats de mesures. Pour corriger l'erreur engendrée par ce facteur, nous avons quantifié et introduit un facteur de correction dans nos résultats bruts, équivalent à 3% par °C pour les essais réalisés avec le spectromètre de masse sur le banc d'essais ROTT (voir la Figure 2.7);

- La haute température, qui a cependant un effet sur la mesure de déformation du joint dans le cas du montage UGR; une compensation de l'écrasement du joint est requise dans ce cas (voir la Figure 2.8);

- Le temps de la stabilisation des fuites, qui dépend des niveaux de la pression du gaz et de la contrainte appliquée sur le joint. Il est à noter que la stabilisation s'atteint plus rapidement dans le cas des fuites importantes que dans le cas des petites fuites.

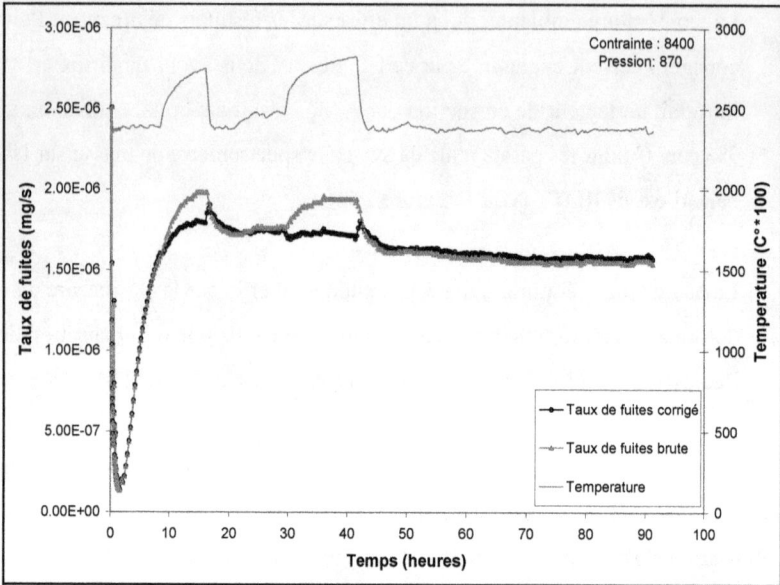

Figure 2.7 Influence de la température sur les mesures de fuites

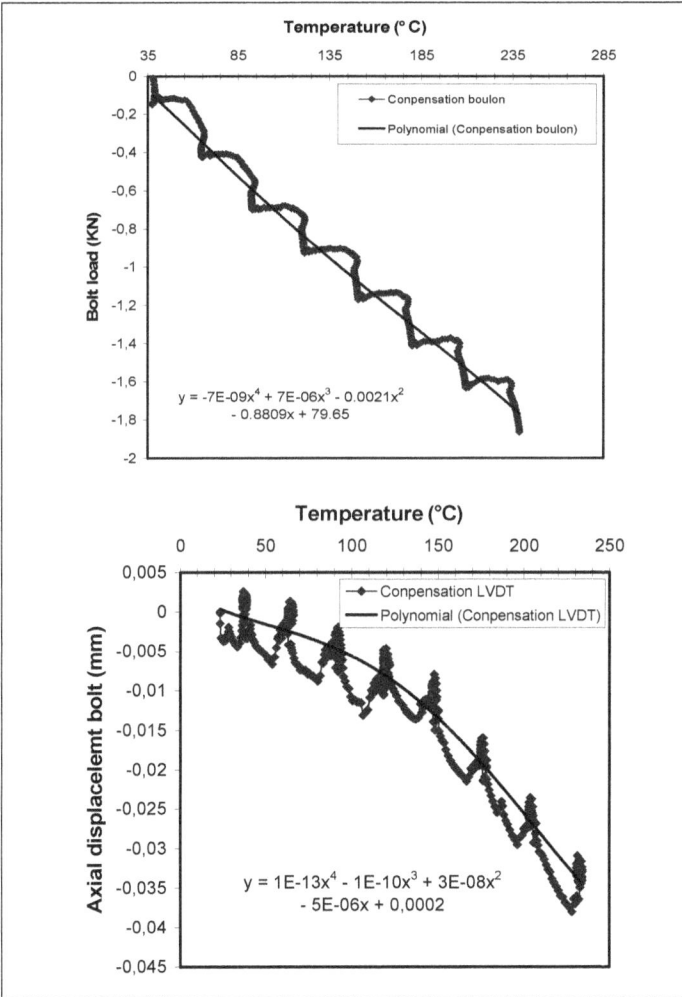

Figure 2.8 Facteurs de compensation pour différentes températures a)
La charge; b) déformation axiale

2.9   Méthodes recommandées pour les mesures de fuites

Les montages expérimentaux comportent quatre modes de mesure de fuites, il serait donc nécessaire de bien choisir un mode de détection de fuites en fonction de la nature des fluides utilisés et de l'intervalle du taux de fuites présent. Par conséquent pour les fuites gazeuses, nous avons réalisé dans un premier temps plusieurs tests avec l'Hélium comme gaz de référence. Ces tests ont été effectués avec différents paramètres expérimentaux, tels que la pression du gaz et les contraintes sur le joint. L'utilisation des quatre modes de mesure par, Débitmètre, Variation de pression (par chute ou par augmentation de pression), et par spectromètre de masse, nous a permis de déterminer le mode de mesure approprié pour chaque intervalle de fuite, tel qu'illustré dans le Tableau 2.1.

En ce qui a trait aux fuites liquides, nous avons été contraints de limiter nos modes de mesure de fuites avec l'augmentation de la pression seulement, car il n'est pratiquement pas possible d'effectuer des mesure des fuites liquides avec un spectromètre de masse.

Tableau 2.1 Taux de fuite et les méthodes recommandées pour les mesures de fuites avec : le petit volume = 28 cm^3, et le grand volume = 1028 cm^3

Méthode	Intervalle de fuites (mg/s)					
	$5 \rightarrow 10^{-1}$	$10^{-2} \rightarrow 10^{-3}$	$10^{-3} \rightarrow 10^{-4}$	$10^{-4} \rightarrow 10^{-5}$	$10^{-5} \rightarrow 10^{-6}$	$10^{-6} \rightarrow 10^{-9}$
Débitmètre	*					
Chute de pression		*	*			
Montée de pression 1 capteur (0-10)"		* Avec grand volume	* Avec grand volume	* Avec petit Volume		
Montée de pression 2 capteur (0-1)"					*	
Spectromètre de masse			*	*	*	*

2.10 Conclusion

Soucieux de la qualité de nos résultats de mesure des micro-écoulements à travers un joint d'étanchéité, et dans le but de valider notre approche théorique de prédiction des fuites, une étude expérimentale de caractérisation des débits d'écoulement s'est avérée incontournable. De plus, la maîtrise parfaite de toute la chaîne de mesures est essentielle pour assurer la fiabilité de nos résultats de mesure et, de ce fait, pour la réussite de notre étude.

Cette partie a aussi été utile sur le plan de la compréhension pratique de l'étanchéité des assemblages pressurisés et de la mise au point des essais nécessaires de caractérisation du débit d'écoulement. Cependant, le plus grand défi dans l'accomplissement de nos expériences de mesures de fuites a consisté à réaliser une enceinte de mesure étanche.

Les différentes expériences menées au laboratoire montrent notamment que l'écoulement à travers un joint d'étanchéité est très sensible aux différents paramètres à maîtriser, car nos modèles de prédiction de fuites se fondent sur la caractérisation interne du joint. Cette dernière reposant sur les débits massiques mesurés à l'échelle microscopique.

Voici quelques remarques qui se dégagent de ces analyses :

- À cause du fluage, un niveau semblable de contrainte sur le joint n'assure pas la même porosité, autrement dit la porosité se contrôle mieux par l'écrasement du joint que par la contrainte sur le joint;

- Le temps de la stabilisation de la fuite est inversement proportionnel au débit de la fuite.

CHAPITRE 3

CORRELATION OF GASEOUS MASS LEAK RATES THROUGH MICRO AND NANO-POROUS GASKETS

Cet article a été publié, comme l'indique la référence bibliographique.

Lotfi, Grine and Abdel-Hakim Bouzid, 2011, "correlation of gaseous mass leak rates through micro and nano-porous gaskets".ASME Journal of Pressure Vessel Technology, Volume 133, no 2,021402-(6 pages).

3.1 Résumé

Vu l'influence des fuites sur l'environnement et sur l'économie, la prédiction des fuites à travers un joint d'étanchéité a fait l'objet de recherches intensives dans les trois dernières décennies. Des chercheurs ont proposé quelques modèles expérimentaux et analytiques pour prédire les fuites. Cependant, ces modèles comportent quelques restrictions sur la détermination et la mise en jeu des paramètres de porosité inhérents au matériau du joint.

Le présent travail s'attarde à l'étude théorique et expérimentale de l'écoulement gazeux à travers les joints d'étanchéité. Dans cet article, une approche novatrice a été présentée pour prédire avec précision et corréler les taux de fuites de plusieurs gaz à travers la structure microporeuse voire nano poreuse des joints. L'approche se fonde sur le calcul des paramètres de porosité du joint (D_H, N), tout en utilisant un modèle basé sur un régime d'écoulement glissant de premier ordre. Le modèle suppose que l'écoulement est continu, mais emploie aussi une condition limite de glissement sur la paroi du chemin de la fuite. Des mesures expérimentales sur les débits de gaz ont été effectuées sur des joints dans une plage de débits microscopiques et des conditions d'écoulements isothermes.

Les chemins de fuites existant dans le milieu poreux du matériau du joint ont été modélisés par deux modèles différents. Le premier est formé d'un ensemble de capillaires rectilignes et uniformes. Le deuxième simule la structure poreuse du joint par plusieurs couches annulaires et parallèles. À partir de ces deux modèles et à l'aide des équations de Navier-Stockes, il est possible de déterminer le débit massique à travers le joint d'étanchéité.

Les petits débits ou les taux de fuite de gaz inférieurs à 0.1 ml/s se mesure avec précision à l'aide du spectromètre de masse ou l'analyseur de gaz résiduels. Les paramètres de porosité du joint, utilisés dans la formule théorique développée pour calculer le taux de fuite, ont été obtenus expérimentalement à l'aide d'un gaz de référence qui est dans ce cas l'hélium, pour plusieurs niveaux de contrainte sur le joint. En présence des propriétés statistiques sur la porosité d'un joint, les taux de fuite de différents gaz tel que l'air, l'argon et l'azote peuvent être prédit avec une précision raisonnable. Nous avons constaté que l'approche considérant le régime d'écoulement de glissement de premier ordre, combinée au flux d'écoulement de régime moléculaire, couvre très bien la prédiction des débits d'écoulement de fuites à l'échelle microscopique, et ce jusqu'à 10^{-8} mg/s. Cependant une étanchéité limite (Tightness hardening) a été observée pour certains types de joints. Elle constitue le résultat de la saturation de la taille des pores du joint une fois la contrainte sur le joint dépasse une valeur critique.

3.2   Abstract

The present work deals with theoretical and experimental studies of gaseous flow through tight gaskets. The paper presents an innovative approach to accurately predict and correlate leak rates of several gases through nano-porous gaskets. The new approach is based on the calculation of the gasket porosity parameters (D_H, N) using a model based on a first order slip flow regime. The model assumes the flow to be continuum but employs a slip boundary condition on the leak path wall. Experimental measured gas flow rates were performed on gaskets with a microscopic flow rate range and isothermal steady conditions.

The flow rate is accurately measured using multi-gas mass spectrometers. The gasket porosity parameters used in the developed leakage rate formula were obtained experimentally for a reference gas (helium) for each stress level. In the presence of the statistical properties of a porous gasket, the leak rates for different gases can be predicted with reasonable accuracy. It was found that the approach that considers the slip flow with the first order combined with the molecular flow covers the prediction of flow rates at the microscopic level and down to 10^{-8} mg/s very well. Tightness hardening is the result of the saturation of the gasket combined porosity parameters or the equivalent thickness of the void layer.

3.3   Introduction

The general framework of implementation of this study is static sealing of micro and nano-porous materials. For three decades, much progress has been made in understanding the tightness behavior of gasketed joints and in developing models to predict leaks (Jolly et Marchand, 2006; Masi, Bouzid et Derenne, 1998). However, the study of leaks through tight gaskets at the micro and nano scales remains much less advanced. The main reason is that the focus was more on avoiding catastrophic leak failures and to a lesser extent on reducing fugitive emissions. From this stand point, it seemed unrealistic to consider the prediction of leaks at the micro and nano levels.

Nowadays, the tendency is to design for zero-leak pressure equipment and therefore there is a need to better understand leaks through nano-porous media and in particular through tight gaskets. This paper deals with a new approach used to accurately predict the leak rate past static seals. It is based on the calculation of the gasket porosity parameters (D, N) using the model of slip flow regime with the first order boundary condition to predict leak rates. Porous media such as gaskets may be represented by bundle of capillaries of uniform diameter. In this case it is assumed that the leak rate depends primarily on the equivalent diameter D, the length L, and the mean free path length λ. The analytical model results are validated and confronted against experimental data obtained on a ROTT machine equipped with multi-gas mass spectrometers. The results of the present work show that the microscopic leak rates can be accurately predicted by slip flow regimes in micro-channels.

3.4   Analytical Modeling

Several studies have been conducted to model gas flow through a gasket under isothermal flow conditions for high mass leak rate range (Gu, Chen et Zhu, 2007; Jolly et Marchand, 2006; Masi, Bouzid et Derenne, 1998). The analytical solutions of the Navier-Stokes equations with the first order velocity slip condition in circular channels and parallel plates are employed to evaluate the mass leak rate through a porous gasket. The two models implemented in the present work were already exploited in micro-channels within known dimensions for different types of geometry such as circular (Porodnov et al., 1974; Sreekanth, 2004; Tison, 1993), rectangular(Arkilic, 1994; Chen, 2000; Ewart et al., 2007; Maurer et al., 2003), triangular and trapezoidal (Araki et al., 2002). For gaskets of unknown porosity, the mass leak rate prediction of gases requires its porosity characteristics and leakage behaviour to be known for a reference gas (helium) in the specific range of 10^{-4} to 10^{-8} mg/s. In the two below described models, the flow is assumed to be locally fully developed, permanent and isothermal. Only the component of the velocity in the radial direction is taken into account (Guo et Wu, 1998; Harley et al., 2006).

3.4.1   Capillary model (model 1)

In this model, the theoretical approach used is one that is adopted by many researchers (Bejan, 2004; Scheidegger, 1974). A porous domain such as the gasket is represented by a set of parallel capillaries of uniform diameters D as shown in Figure 3.1. In our study, the scale effect which, until now has been excluded in this type of study is considered. Starting from this model and the equations of Navier-Stokes and flow through micro-tubes of circular cross sections, it is possible to define a calculation model that takes into account the effect of slip.

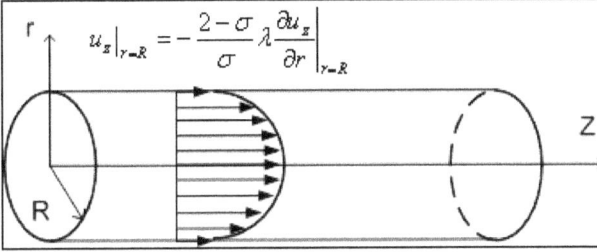

Figure 3.1 Capillary model

The equation of conservation of momentum in cylindrical coordinates for an ideal gas, without taking into account the effect of inertia (low Reynolds number with a large L/D) (Karniadakis, Beskk et Aluru, 2005) reduces to:

$$\frac{1}{r}\frac{d}{dr}\left(r\frac{du_z}{dr}\right) = \frac{1}{\mu}\frac{dP}{dz} \qquad (3.1)$$

where, P is the pressure, μ is the dynamic viscosity, u_z is the velocity, z and r are the axial and radial coordinates, respectively (Figure 3.1). In the simple case of an isothermal flow and without displacement of the wall established in a micro tube of circular section, the first order boundary conditions are (Kandlikar, 2006):

$$u_z\big|_{r=R} = -\frac{2-\sigma}{\sigma}\lambda\frac{\partial u_z}{\partial r}\bigg|_{r=R} \qquad (3.2)$$

σ is the tangential momentum accommodation coefficient which has a value of 1.1466 according to (Albertoni, Cercignani et Gotusso, 2004) and 1.012 according to (Kogan et Naumovich, 1969). In our model it is assumed that the reflection of molecules at the wall is fully diffused and therefore σ= 1. The mass flow rate through the porous media modeled by a set of uniform and straight capillaries is obtained from the Navier-Stokes equations with the first order velocity slip condition and is given by the following equation:

$$\dot{m}_{NS1,circ} = \frac{N\pi R^4 P_{o0}^2 \left(\Pi^2 - 1\right)}{16\mu_g R_g TL} \left[1 + 16\frac{2-\sigma}{\sigma}\frac{Kn_o}{\Pi+1}\right] \tag{3.3}$$

where N is the number of capillaries, Π is the ratio of the inlet over outlet pressures and K_{no} is the Knudsen number at outlet pressure, based on the mean free path at outlet pressure given by (Sreekanth, 2004):

$$Kn_o = \frac{\lambda_o}{D} \tag{3.4}$$

Where λ_o is the mean free path given by Eq.(3.5). Tableau 3.1 gives the values for the tested gases:

$$\lambda_o = \left(\frac{16\mu_g}{5P_o}\right)\sqrt{\left(\frac{R_g T}{2\pi}\right)} \tag{3.5}$$

Tableau 3.1 Molecular weight and mean free path of gases tested

Gas	Molecular weight (g/mol)	Mean free path (x10^{-8} m)
Helium (He)	4.003	17.65
Air	28.95	6.111
Argon (Ar)	39.94	6.441
Nitrogen(N$_2$)	28.01	6.044

3.4.2   Annular model (model 2)

In this model, the gasket is considered to be made of several annular and parallel plates that represent the voids as shown in Figure 3.2. Therefore, the theory taken in this case is that of the radial flow between two annular and parallel plates.

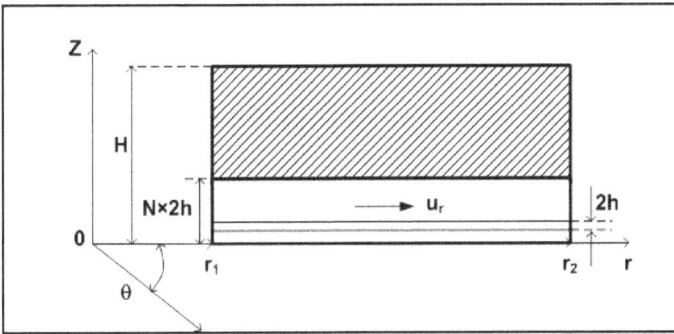

Figure 3.2 Annular model

Assuming a constant relation Kn P = Kn_o P_o for an isothermal flow (Kandlikar, 2006), under slip flow conditions and using first order boundary conditions, the mass leak rate of a gas through two annular and parallel plates is given by the following equation:

$$m_{NS1,annul} = \frac{2N\pi h^3 P_o^2 \left(\Pi^2 - 1\right)}{3\mu_g R_g T \ln\frac{r_2}{r_1}}\left[1 + 24\frac{2-\sigma}{\sigma} Kn_o \frac{1}{(\Pi+1)}\right] \qquad (3.6)$$

Where N is the number of parallel plates, h is the thickness of the void layer and Kn_o is the Knudsen number at outlet pressure, which in this case is equal to:

$$Kn_o = \frac{\lambda_o}{4h} \tag{3.7}$$

3.4.3 Exploitation of theoretical models

Equations (3.3) and (3.6) can be written as:

For the capillary model:

$$A_1 = NR^4 \left[1 + B_1 \frac{2}{\Pi + 1} \right] \tag{3.8}$$

Where A_1 is a porosity parameter given by:

$$A_1 = \frac{\dot{m}_{NS1,circ} \, 16 \mu_g R_g TL}{\pi P_o^2 \left(\Pi^2 - 1 \right)} \tag{3.9}$$

$$B_1 = 8 \frac{2 - \sigma}{\sigma} Kn_o$$

For the annular model

$$A_2 = Nh^3 \left[1 + B_2 \frac{2}{\Pi + 1} \right] \tag{3.10}$$

With,

$$A_2 = \frac{\dot{m}_{NS1,annul}\, 3\mu_g R_g T \ln\frac{r_2}{r_1}}{2\pi P_o^2 \left(\Pi^2 - 1\right)} \tag{3.11}$$

$$B_2 = 12\frac{2-\sigma}{\sigma} Kn_0$$

For each level of gasket stress, the mass leak rate of the helium gas at various increasing pressures is measured. A plot of A_1 and A_2 as a function of the inverse dimensionless mean pressure as per the linear Eqs.(3.8) and (3.10) is obtained. A linear regression is performed to obtain the two principal parameters namely the hydraulic diameter $2R$ or $4h$ and the number of capillaries or layers N depending on the model considered. The determination of these two gasket porosity parameters is then used to predict the mass leak rate for other gases. For each stress level, the equivalent thickness of the voids is calculated for the two different models. This is defined as the thickness that the voids would occupy if the gasket is separated into two layers one made of the dense material and the other made of voids. This is given by:

For the capillary model:

$$e_1 = \frac{N \times R^2}{r_2 + r_1} \tag{3.12}$$

And for the annular model:

$$e_2 = N \times 2 \times h \tag{3.13}$$

3.5   Experimental set-up

The experimental apparatus known as the ROTT machine shown in Figure 3.3 was specially designed and built to measure small leak rates through gaskets using multi-gas mass spectrometry. The main parameters such as gasket stress and pressure may be controlled while monitoring small leaks down to 10^{-10} mg/s. The assembly is rigid so as to provide a uniform distribution of the load across the gasket width. A 4⅞ in by 5⅞ in PTFE-based gasket, ⅛ in thick, is compressed between two NPS 4 class 900 flanges by means of 8 hydraulic load tensioners of a total load capacity of 400 000 lb. Four LVDT (Linear Velocity Displacement Transducer) are used to measure gasket deflection and flange rotation. The measured parameters are gasket stress, internal pressure, temperature, time, gasket displacement, flange rotation and mass leak rate. The test sequence used is similar to that used by (Masi, Bouzid et Derenne, 1998). The leak rates of helium, air, argon and nitrogen, the properties of which are shown in Tableau 3.1, were measured at several gasket stress levels. For every stress level the leak was measured at 5 pressure levels as indicated in Tableau 3.2. For every leak, the measurement was taken under vacuum using a mass spectrometer until a stable value was obtained. Stabilisation may take up more than 8 hours depending on the range of the leak rate measured. The test conditions are summarized in Tableau 3.2.

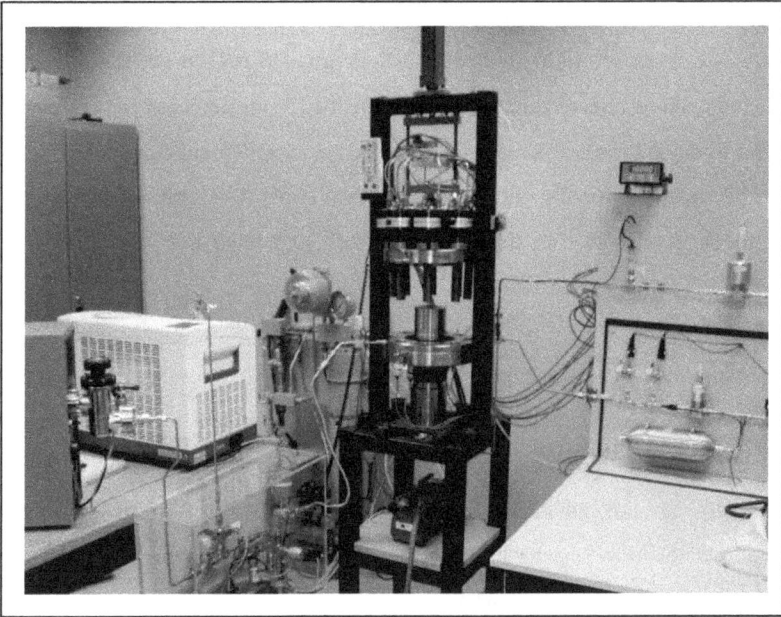

Figure 3.3 ROTT machine

Tableau 3.2 Experimental conditions

Gas pressure (MPa)	0.69, 1.38, 2.76, 4.14 and 4.52
Stress gasket (MPa)	27.59, 55.17 and 82.76
Specimen	PTFE-based⅛ in. thick
Inlet Knudsen number limit, K_{ni}	5-70

3.6   Results and discussion

The curves of Figure 3.4 are obtained from leak rate measurements using helium. They are used to determine the porosity parameters $2R$ or $4h$ and N

required for the leakage prediction of other gazes. The intercept of the line A_1 gives NR^4 as per Eq.(3.8) whereas the slope gives B_1NR^4 and hence B_1 can be obtained. The Knudsen number is then obtained from Eq. (3.9) for σ equal to 1. Knowing the mean free path for the used gas, the hydraulic diameter $D=2R$ can be deduced. Finally the number of capillaries N is obtained. A similar approach can be used to determine the half void layer thickness h and the number of parallel plates N.

For both models, it is found that when the stress is increased the gasket thickness and the diameter of leak paths or the thickness of the void layers decreases while the number of the micro paths or void layers remains relatively constant as shown in Tableau 3.3. The gasket stress influences, therefore, the flow regime because the Knudsen number which is known to depend on the hydraulic diameter is changed.

Tableau 3.3 Variation of porosity parameters for PTFE gasket

Gasket stress (MPa)	Number of leak paths x 10^{14}	Diameter of leak paths (mm)x 10^{-6}	Number of plates x 10^5	Thickness of plates (mm)	Gasket displ. (mm)
27.59	13.01	0.211	4.45	0.070	0.503
55.17	9.24	0.16	2.40	0.029	1.166
82.76	7.16	0.158	1.84	0.022	1.382

The comparison of the mass flow rates measured by the multi-gas mass spectrometer and the calculated values with the two different analytical models for different inlet gas pressures and fixed gasket stress levels are shown in Figure 3.5 and Figure 3.6. Overall, the experimental data shows that at the high leak range of about 10^{-4} mg/s, the slip flow model matches very well with the experimental data, whereas in the low leak range of about 10^{-6} mg/s, the molecular flow model gives better predictions. The maximum error found with the molecular model is about 11 % and this is for the low leak range of about 10^{-6} to 10^{-7} mg/s. The maximum error with the slip flow regime is 20 % for the high flow range of about 10^{-4} to 10^{-5} mg/s of mass leak rate. Nevertheless, this result is acceptable for leakage predictions.

In the previous study of (Masi, Bouzid et Derenne, 1998) the molecular flow regime has already been shown to predict accurately leak rates at a low leak range of 10^{-6} mg/s, while at higher leak rates, their transition model was less accurate. With reference to the high Knudsen number, at low gas pressure, the experimental data obtained in our tests are in a good agreement with the leak rate values calculated by the molecular flow regime equation. Therefore, in the range of about 10^{-6} mg/s the flow is governed by the molecular regime and when the Knudsen number starts to decrease and this is for high range of mass leak rate above 10^{-4} mg/s, the slip regime is more suitable for predicting leakage.

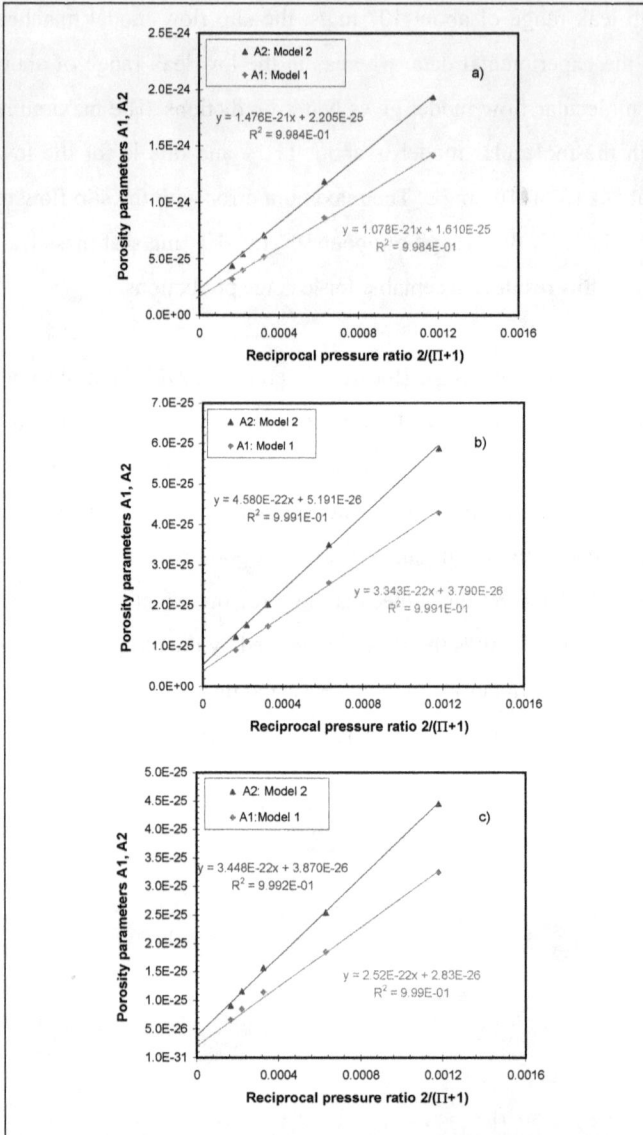

Figure 3.4 A1 and A2 vs the reciprocal pressure ratio;a) Sg = 27.59 MPa, b) Sg = 55.17 MPa, c) Sg = 82.76 MPa

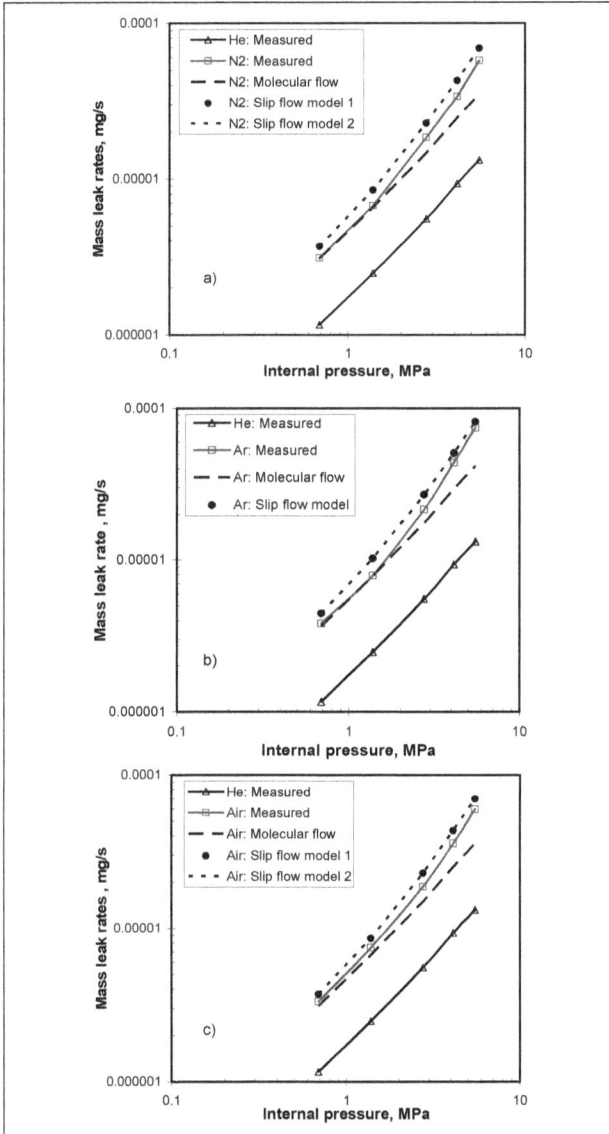

Figure 3.5 Gas correlation; PTFE at 27.59 MPa; a) N2, b) Ar, c) Air

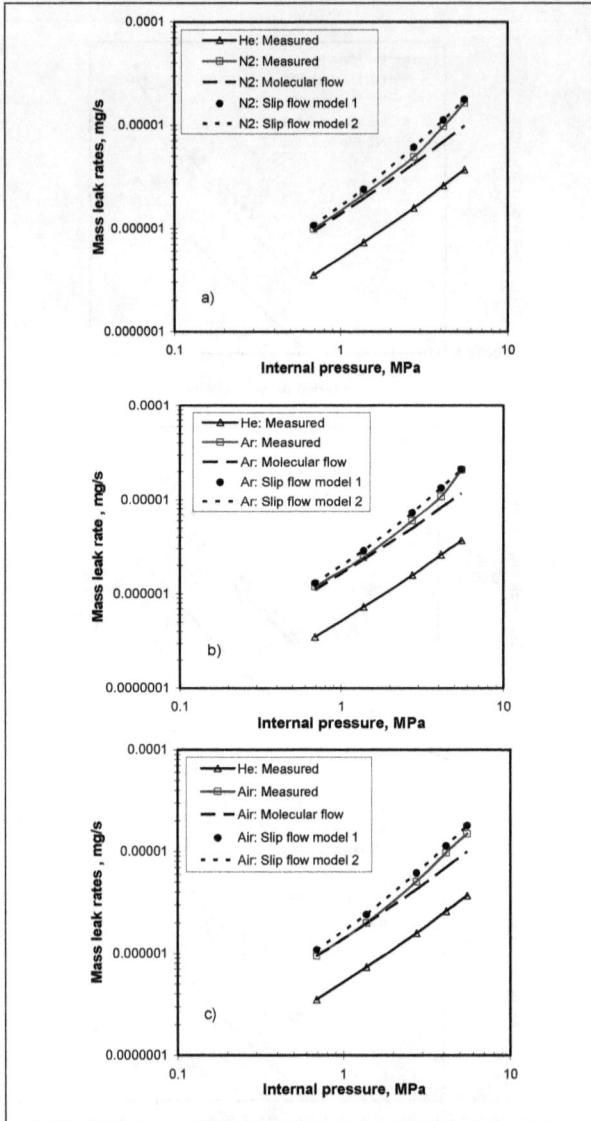

Figure 3.6 Gas correlation; PTFE at 55.17 MPa;
a) for N2, b) for Ar, c) for Air

Figure 3.7 and Figure 3.8 present the comparison of the measured and predicted mass flow rates for different values of inlet Knudsen number and a fixed stress level. It can be seen that the experimental curve lies between the two flow regimes. At the low Knudsen number the slip flow regime is present whereas at the high Knudsen number the molecular flow regime governs. The presentation of the mass leak rate versus Knudsen number shows the transition from molecular to slip flow regime as the flow is increased as a result of increasing pressure. In general, below a Knudsen number of 10 at the inlet, a slip flow regime is present and above 30, a molecular flow regime dominates.

When increasing the level of gasket stress, relatively small or no decrease in leak rate is observed, tightness hardening has occurred. This phenomenon takes place when the increase of load produces no increase in tightness and is present with most gasket materials, in particular with PTFE gaskets. Figure 3.9 shows a tremendous reduction in the rate of leakage with gasket stress passed 16 000 psi where a plateau is reached. This effect is observed in all tests, each conducted at a different pressure. Tightness hardening is present when the combination of the number of pores and their size remain constant. This is shown in Figure 3.10 by the variation of the equivalent thickness of the void layer which beyond a gasket stress level becomes constant. Any stress increase beyond this level would not alter the thickness of the void layer and consequently has no effect on the leak rate. However, an increase of pressure would always result in a leak rate increase whether this phenomenon is present or not.

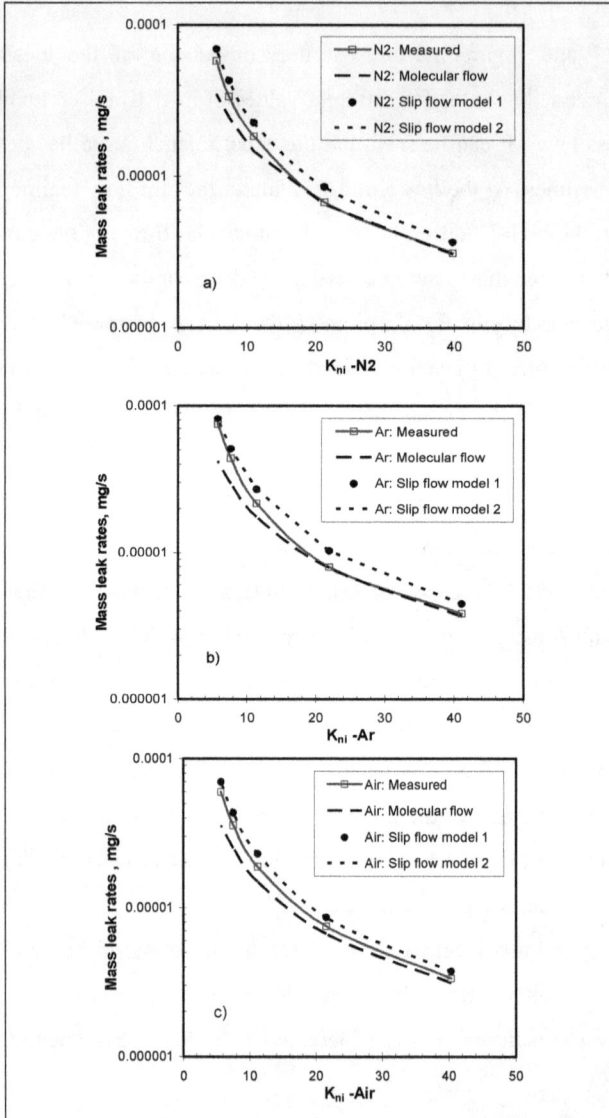

Figure 3.7 Mass leak rates vs Kni; PTFE at 27.6 MPa;
a) for N2, b) for Ar, c) for Air

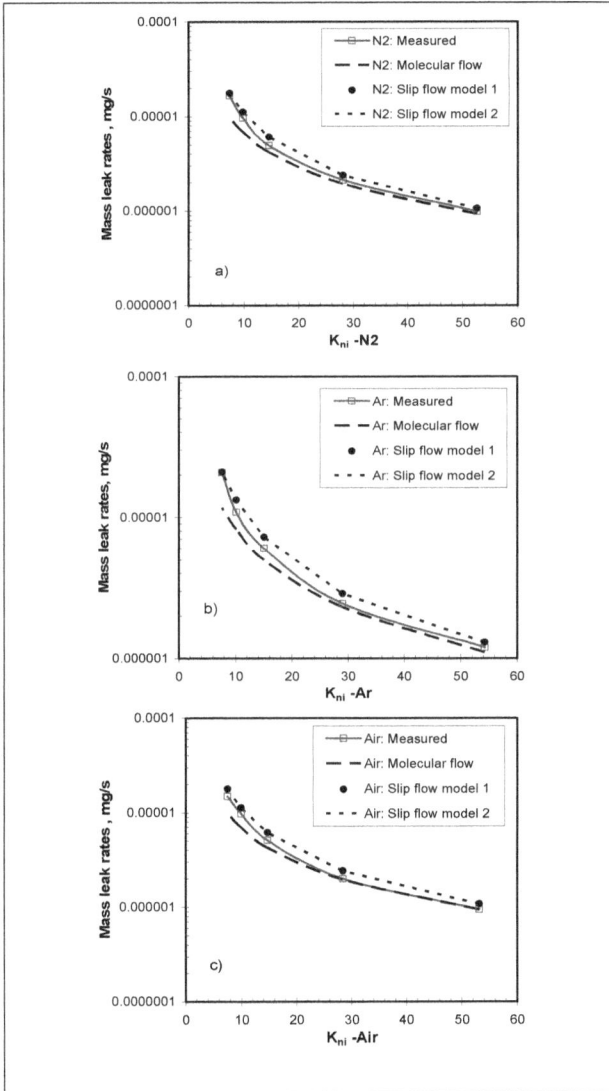

Figure 3.8 Mass leak rates vsKni; PTFE at 55.2 MPa;
a) for N2, b) for Ar, c) for Air

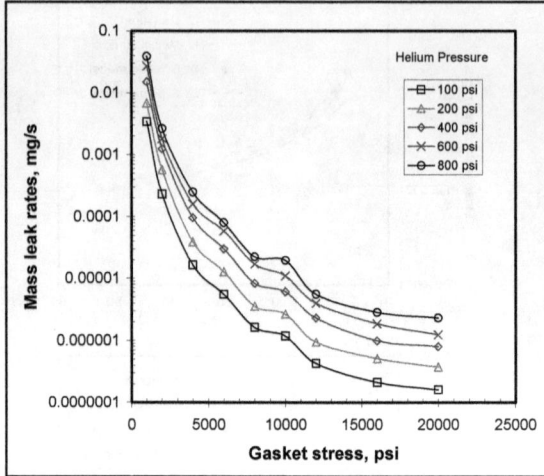

Figure 3.9 Helium leak rate for different pressures:
Effect of tightness hardening

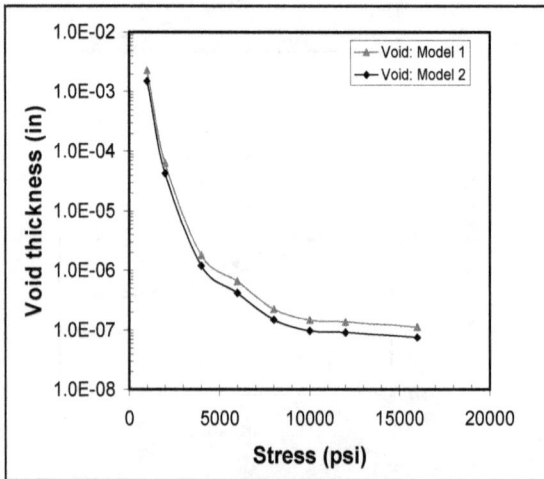

Figure 3.10 Void thickness vs Stress

3.7   Conclusion

The development of new materials for gasket products such as PTFE requires a correct prediction of the rarefied flow through their porous structure, and sophisticated techniques to measure very low mass flow rates. The mass flow rate is predicted with a reasonable accuracy for different gas types (helium, nitrogen, air and argon) over the whole range of the Knudsen number from slip regime to near free molecular regime for various values of the internal pressure. The slip flow regime to free-molecular regime models could be used to predict mass flow rates based on leaks of a reference gas and depending on the Knudsen number. The number of the micro paths and the size of the voids (capillary diameter and layer thickness) of the gasket are the two porosity characteristics required to make the prediction possible. They are obtained from the test with the reference gas at different pressures. It is found that tightness hardening, frequently observed with PTFE-based gaskets, is closely related to the geometric parameters of porosity (D_H, N) or more suitably to the equivalent thickness of the void layer. In fact, tightness hardening is the result of the void layer thickness saturation.

CHAPITRE 4

LIQUID LEAK PREDICTIONS IN MICRO AND NANO-POROUS GASKETS

Cet article a été publié comme l'indique la référence bibliographique.

Lotfi, Grine and Abdel-Hakim Bouzid, 2011, "Liquid leak predictions in micro and nano-porous gaskets AMSE" Journal of Pressure Vessels Technology, Volume 133, no 5, 051402-(6 pages).

4.1   Résumé

Ces dernières années, plusieurs études expérimentales et théoriques ont été menées pour prédire le taux de fuites de gaz à travers des joints d'étanchéité. Toutefois, les travaux sur la prédiction des taux de fuites de liquide à travers les joints sont limités. La raison principale est la difficulté de mesurer les petites fuites liquides inférieures à 10^{-3} mg/s. Dans la pratique, il est important d'obtenir une corrélation fiable pour prédire les fuites d'un joint d'étanchéité avec plusieurs fluides, et particulièrement pour les liquides dont on connaît le comportement par rapport à un fluide de référence qui est généralement un gaz. Pour ce faire, il est nécessaire de connaître la nature de l'écoulement à travers le joint considéré, afin de prédire avec précision les fuites de différents liquides à partir des essais avec un gaz de référence. Dans cette étude, le modèle d'écoulement de glissement est utilisé pour prédire l'écoulement liquide à travers le matériau poreux des joints, à partir de mesures de fuites de gaz de référence à des pressions différentes. En fait, une extrapolation de

108

l'approche basée sur les paramètres de porosité déjà utilisés (Grine et Bouzid, 2009) pour corréler les taux de fuites entre les différents gaz est également employée pour prédire les taux de fuite de liquide.

Dans le présent article, une méthodologie de calcul analytique est présentée. Elle est basée sur le nombre et la taille des pores pour prédire les micros et nano écoulements des liquides avec un régime d'écoulement glissant à travers les joints d'étanchéité. La formulation s'appuie sur les équations de Navier-Stokes, associées à la condition limite de glissement à la paroi. Les mesures de débit massique des fuites à travers le matériau d'un joint considéré comme un milieu poreux sous différentes conditions expérimentales, tel que le fluide qui fuit, la pression et la contrainte sur le joint d'étanchéité ont été réalisées sur le banc d'essais UGR. Les caractéristiques de porosité sont des paramètres qui régissent le type d'écoulement dans un réseau d'écoulement formé par des microcanaux. Les fuites liquides et gazeuses sont mesurées et sont comparées aux prédictions analytiques.

L'eau est sélectionnée en tant que fluide primaire de travail, alors que le kérosène est utilisé pour des fins de comparaison. Les débits massiques de fuite mesurés ont été corrélés et comparés avec ceux prédit à l'aide des paramètres expérimentaux de porosité (diamètre hydraulique et le nombre de capillaires). Sur la base des données expérimentales, des courbes ont été tracées afin de montrer la variation du débit massique de fuites d'argon utilisé comme gaz de référence, à travers le joint en fonction de l'inverse de la pression moyenne. Les paramètres de porosité du joint ont quant à eux été déterminés par régression linéaire. Les résultats analytiques sont en accord avec les mesures expérimentales et illustrent bien que le débit massique est proportionnel à la quatrième puissance du diamètre des capillaires. L'effet de l'étanchéité maximale du joint sur les caractéristiques du débit d'écoulement a également été examiné dans cet article.

4.2   Abstract

In recent years, quite a few experimental and theoretical studies have been conducted to predict gas leak rates through gaskets. However a very limited work is done on liquid leak rates through gaskets. The slip flow model is used to predict liquid flow through porous gaskets based on measurements of gas flow at different pressures. In fact, an extrapolation of the porosity parameter approach (Grine et Bouzid, 2009) used to correlate leak rates between different gases is used to predict liquid leak rates.

In the present article, an analytical-computational methodology based on the number and pore size to predict liquid micro and nano-flows in the slip flow regime through gaskets is presented. The formulation is based on the Navier-Stokes equations associated with slip boundary conditions at the wall. The mass leak rates through a gasket considered as a porous media under variable experimental conditions of fluid media, pressure, and gasket stress were conducted on a special gasket test rig. Gaseous and liquid leaks are measured and comparisons are made with the analytical predictions.

4.3   Introduction

Designing gasketed joints and seal systems requires not only the satisfaction of safety standards in effect, but also the ability to quantify leaks under different conditions including the nature of fluid media. The difficulty of making leak predictions for liquid media, based on known leak behavior with gaseous media, is scientifically recognized, however, a solution has yet to be achieved.

In the literature there are relatively many published data related to gas flow in small tubes and channels (Asahina, Nishida et Yamanaka, 1998; Bergoglio, Calcatelli et Rumiano, 1995; Guo, Cheng et Silber-Li, 2007; Harley et al., 2006; Kobayashi, 2007; Li et al., 2000; Zhang et Niu, 2003), compared to liquid flow under the same conditions (Asahina, Nishida et Yamanaka, 1998; Hsieh et al., 2004; Junemo et Kleinstreuer, 2003). The objective of this work is to develop a method for predicting liquid leaks in flanges fitted with porous gaskets. In the past, few studies have focused on the understanding and testing of leaks through porous materials modeled as a set of capillaries (Batista, Marchand et Derenne, 1995; Bazergui et Louis, 1987; Gu, Chen et Zhu, 2007; Jolly et Marchand, 2006; Masi, Bouzid et Derenne, 1998) in order to determine the porosity parameters necessary to predict leakage. In capillary flow, there are few studies with different liquids on different form of capillaries with known dimension but one capillary at the time (Choi, Westin et Breuer, 2002; Mohiuddin Mala et Li, 1999; Zhang et al., 2009). Studies of the effect of different properties such as viscous dissipation (Xu et al., 2002), friction coefficient (Cui, Silber-Li et Zhu, 2004; Judy, Maynes et Webb, 2002; Pfahler et al., 1989) on the liquid flow in micro-channels are numerous including those of (Silber-Li et al., 2006)who investigated pressure distribution along the axial direction for liquid flow in microtubes.

This paper describes the analytical calculation of liquid flows or leaks through porous gaskets and the method of measuring them. The wall slip boundary conditions are introduced into the conventional Hagen-Poiseuille flow (HP) to predict theoretical liquid leaks through a gasket. The porosity characteristics are the parameters that govern the type of flow in a micro channel system. In this study, the average hydraulic diameter of nanochannels is from 10 nm to 100 nm, depending on the gasket stress. Water is selected as the primary working fluid while Kerosene is used for comparison. Mass leak rates were correlated and found to be a function of the experimental parameters of porosity (hydraulic diameter and capillary number). Based on the experimental data, the curves showing the variation of the mass leak rate for Argon through the gasket as a function of the inverse of the mean pressure was established and the parameters of the porosity gasket were determined by linear regression. The analytical results are in good agreement with the experimental measurements and show that the mass flow rate is proportional to the fourth power of the capillary diameter which is determined experimentally. The effect of gasket tightness on flow characteristics was also examined.

4.4   Analytical modeling

4.4.1   Governing equations

In the case of incompressible Newtonian fluid flow through a porous material such as a gasket modeled by a set of uniform and straight capillaries, the volumetric flow rate is obtained from the Navier-Stokes equations associated with the first order velocity slip condition:

$$\frac{1}{r}\frac{d}{dr}\left(r\frac{du_z}{dr}\right) = \frac{1}{\mu}\frac{dP}{dz} \qquad (4.1)$$

For liquid flow in a micro tube of circular section as shown Figure 4.1, the first order boundary conditions are:

$$u_z\big|_{r=R} = -L_s\left(\frac{\partial u_z}{\partial r}\right)\bigg|_{r=R} \qquad (4.2)$$

$$\frac{\partial u_z}{\partial r}\bigg|_{r=0} = 0 \qquad (4.3)$$

Where L_s is the length of slip in the wall, and is given by (Choi, Westin et Breuer, 2002) for a Newtonian liquid under hydrophilic wall conditions in nm as:

$$L_s = 0.059 \times \gamma^{0.485} \qquad (4.4)$$

With γ being the shear rate and is given by:

$$\gamma = \frac{\Delta P.R}{2.\mu.L} \qquad (4.5)$$

R and L are the radius and length of micro-channel respectively, ΔP is the pressure drop between the two ends of the capillary and μ is the dynamic viscosity. For all experimental conditions, L_s is less than 25 nm. It is to be noted that there are other models suggesting a different formula for the slip length and in particular that of (Thompson et Troian, 1983).

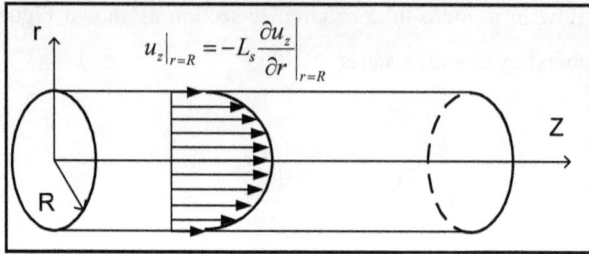

Figure 4.1 Capillary model

Finally, considering slip flow conditions, the volumetric flow rate of a liquid in micro-channels having a circular cross section is given by the following equation:

$$Q = \frac{N\pi R^4}{8\mu L}\left(1+\frac{4L_s}{R}\right)(P_i - P_o) \tag{4.6}$$

Where N and R are respectively the number and radius of capillary of the porous gasket, $(P_i - P_o)$ is the pressure drop across the capillary length or the gasket width. The exploitation of the theoretical model is similar to our previous study (Grine et Bouzid, 2009) that could be summarised as follows. For a reference gas, the mass flow rate through the gasket is obtained from the Navier-Stokes equations with the first order velocity slip condition and is given by the following equation:

$$Q = \frac{N\pi R^4 P_0^2 \left(\Pi^2 - 1\right)}{16\mu R_g TL}\left[1 + 16\frac{2-\sigma}{\sigma}\frac{Kn_0}{\Pi+1}\right] \qquad (4.7)$$

Where Π is the ratio of the inlet to the outlet pressures and Kn_0 is the Knudsen number at the outlet and is defined by the ratio between the mean free path and the hydraulic diameter. Equation (4.7) can be rearranged to give:

$$A = NR^4\left[1 + B\frac{1}{\Pi+1}\right] \qquad (4.8)$$

Where A and B are porosity parameters given by:

$$A = \frac{16Q\mu_g R_g TL}{\pi P_0^2 \left(\Pi^2 - 1\right)}$$

$$B = \frac{8(2-\sigma)}{\sigma}Kn_0 \qquad (4.9)$$

4.4.2   Liquid leak ratio

It is well established that for the same material porosity conditions the ratio between the volumetric flow rates of two liquids in a laminar flow regime is given by the ratio of the dynamic viscosity. In the case of slip model leak the ratio of volumetric flow rate between two liquids is expressed in terms of the porosity parameter R, the pressure difference across the gasket width, ΔP, and the viscosities, as given by:

$$\frac{Q_1}{Q_2} = \frac{\mu_2}{\mu_1} \frac{\left(1 + \frac{4}{R} 0.059 \left(\frac{\Delta PR}{2\mu_1 L}\right)^{0.485} 10^{-9}\right)}{\left(1 + \frac{4}{R} 0.059 \left(\frac{\Delta PR}{2\mu_2 L}\right)^{0.485} 10^{-9}\right)}$$ (4.10)

4.4.3 Measurement of volumetric flow rate

The measurement of very small volumetric flow rates for liquid, below 0.001 ml/s, is not feasible with commercially available flow meters. A method based on the pressure rise of a confined known volume of gas in the leak collecting chamber filled with the same liquid is used as shown in Figure 4.2.

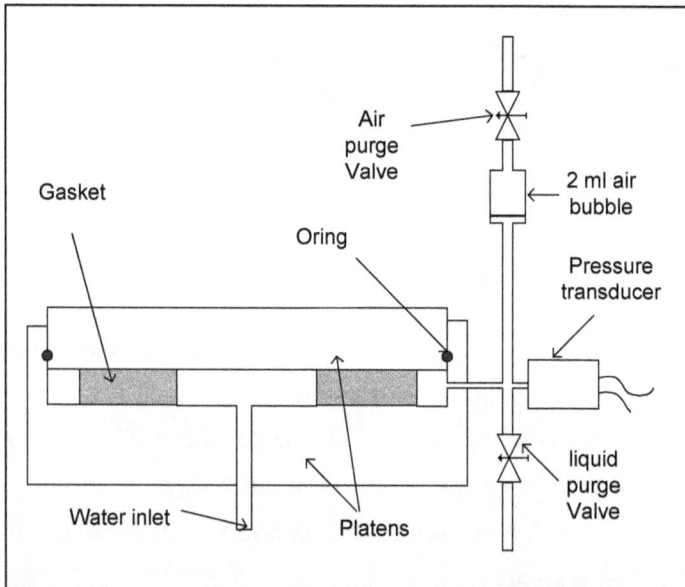

Figure 4.2 Liquid leak measurement method

The leak rate is obtained from the pressure increase measurements of the confined gas as a function of time. Considering the perfect gas law:

$$PV = nR_g T \tag{4.11}$$

Where R_g is the gas constant. Therefore, the variation of the amount of gas molecules n is:

$$\frac{dn}{dt} = \frac{1}{R_g T^2}\left(PT\frac{dV}{dt} + TV\frac{dP}{dt} - PV\frac{dT}{dt} \right) \tag{4.12}$$

For a confined gas in an initial known volume, the variation of n is equal to zero, and thus the experimental volumetric flow rate is obtained as:

$$\frac{dV}{dt} = V\left(\frac{1}{T}\frac{dT}{dt} - \frac{1}{P}\frac{dP}{dt} \right) \tag{4.13}$$

Where P is the mean pressure, T is the mean temperature and V is the mean volume. Therefore knowing the variation of pressure and temperature with time, one can deduce the flow rate of the confined gas which in essence is the leak rate of the liquid that flows through the porous gasket. A leak rate down to 10^{-6} ml/s was achieved with a confined gas of 2 ml and a high precision differential pressure transducer of ± 0.035 MPa.

4.5 Experimental set-up

Water, kerosene and Argon were used in the experiments. Argon has been selected for its large molecular size. It was used to characterize the porosity parameters and namely the number and size of capillary. The experiments were carried out at relatively low gasket stresses and pressures as shown in Tableau 4.1.

Tableau 4.1 Experimental conditions

Liquid pressure (MPa)	0.34, 0.69, 1.03, 1.38, 1.72 and 2.07
Gas pressure (MPa)	0.17, 0.34, 0.52, 0.69, 0.86 and 1.03
Stress gasket (MPa)	2.07, 4.13, 6.21, 8.27, 10.34 and 13.79
Gasket specimen	Graphite sheet $\frac{1}{16}$ in. Thick

The experimental setup is known as UGR (Universal Gasket Rig) simple fixture shown in Figure 4.3 and consists of a set of two platens with smooth surface finish (0.6μm AARH) that can accommodate any ring gasket size within 2 in. (50 mm) inside diameter and 4 in. (100 mm) outside diameter with up to ⅜ in. (9.5 mm) in thickness. It was initially developed for the purpose of measuring liquid leak rates but also creep and thermal expansion of gasketing products. The pressurization system is conducted through a gas bottle and a regulator. This system has a dial gauge and pressure transducer for data acquisition. When liquid is used for testing, an accumulator cylinder is used to separate liquid and gas and hence avoid any direct contact between the two fluids that may result in a miscibility problem.

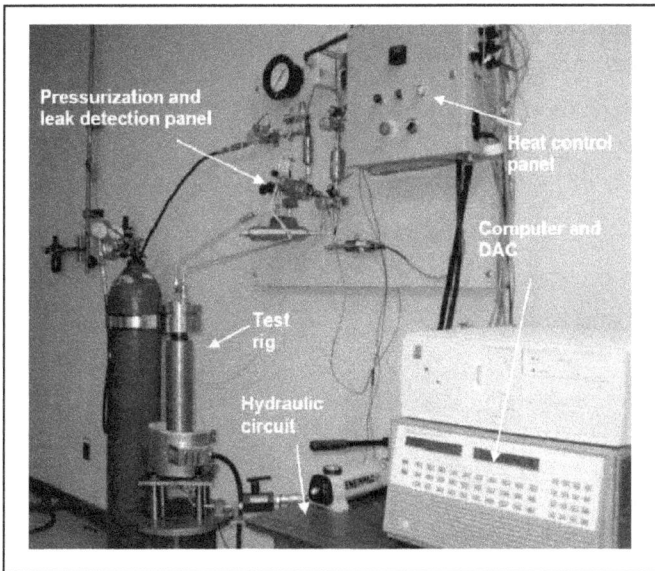

Figure 4.3 Universal Gasket Rig

Depending on the fluid used, there are two leak detection systems one for gas and the other for liquid as shown in Figure 4.4. The gas leak rate can be measured using four different methods. For gross leaks (up to 10^{-1} ml/s), the mass flow meter is used. For intermediate leaks (10^{-2} ml/s to 10^{-3} ml/s), the pressure decay method is used. For small leaks (down to 10^{-4} ml/s), the pressure rise method or mass spectroscopy is used. For liquid leak, the outside leak collecting chamber is filled with the same liquid letting only a small known volume of air (2 ml). Any leak into the collecting chamber would compress the small air volume and increase its pressure. The leak is proportional to the pressure increase if the ambient temperature is kept relatively constant during the measurements, as Eq.(4.13) may suggest. The rig is equipped with the necessary instrumentation that is connected to a computer based data acquisition and control system. A special LabView program was developed to monitor the different test parameters and control the pressurization and the leak detection. The tested gasket samples are made of laminated graphite layers with a metallic foil insert.

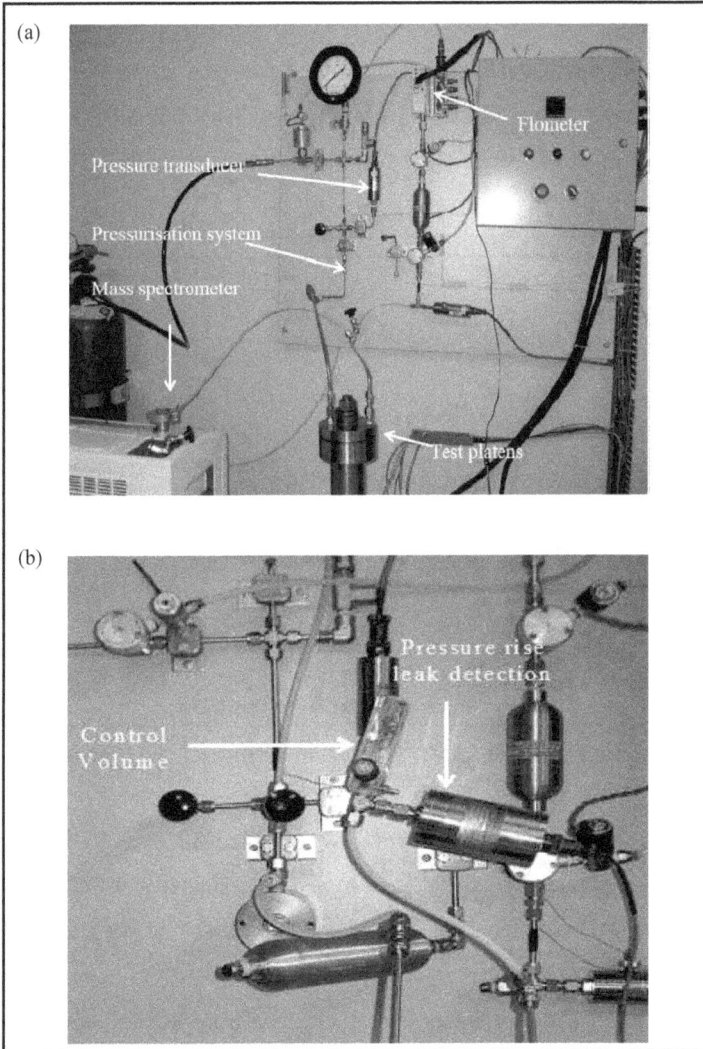

Figure 4.4 a) Gas leak measurement set-up, b) Liquid leak
measurement set-up

4.6   Results and discussion

Figure 4.5 shows the leak test results using Argon as a gas to characterize the gasket porosity. These leak rate data has been treated to plot graphs of the porosity parameter A versus the dimensionless mean pressure $2/(\Pi+1)$.

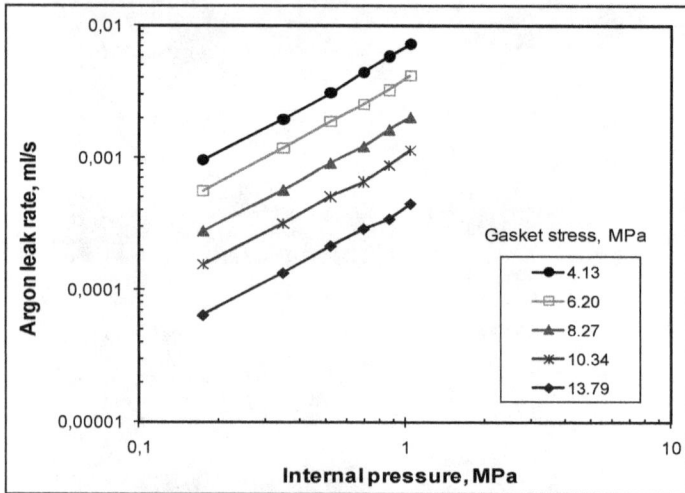

Figure 4.5 Gas leak tests for porosity parameter determination

Figure 4.6 shows a linear behaviour observed of such curves from which the two porosity parameters, namely the number and diameter of the capillary N and R, can be determined using Eqs (4.8) and (4.9). The intercept of the line A gives NR^4 as per Eq (4.8) whereas the slope gives BNR^4 and hence B can be obtained. The Knudsen number is then obtained from Eq.(4.9) for σ equal to 1. Knowing the mean free path for the used gas, the hydraulic diameter D=2R can be deduced. Finally the number of capillaries N is obtained. In order to validate the slip gas flow assumption, the Knudsen number range was verified to within 0.1 and 10 (Grine et Bouzid, 2009), as shown in Tableau 4.2. Tableau 4.3 shows the values of the two porosity parameters for different stress levels.

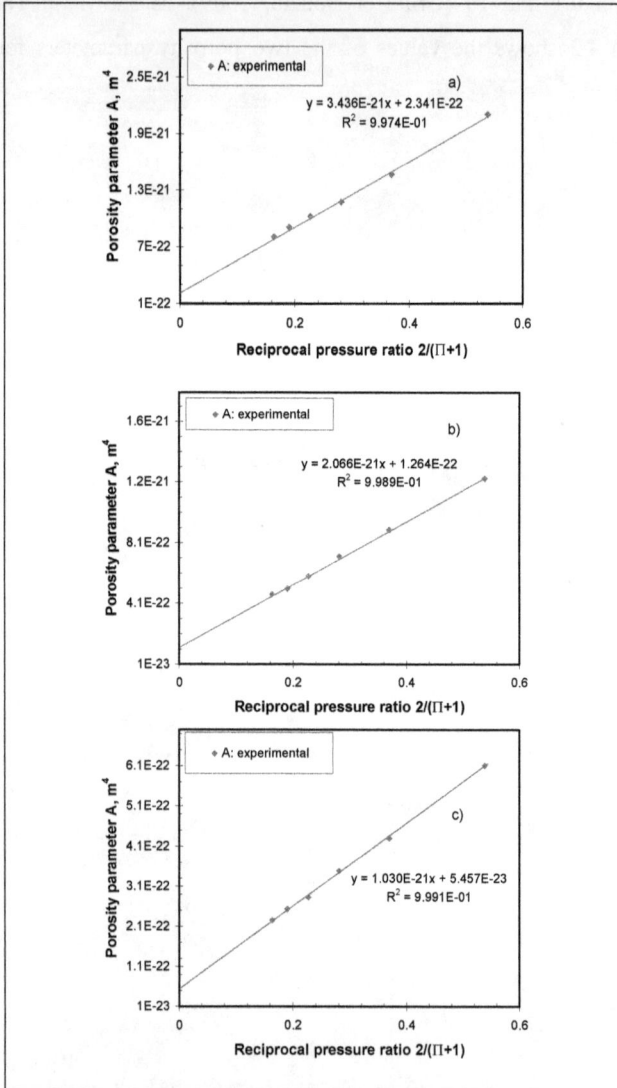

Figure 4.6 A vs the reciprocal pressure ratio; a) Sg = 4.131 MPa, b) Sg = 6.205 MPa, c) Sg = 8.273 MPa

Tableau 4.2 Knudsen number range

Pressure range (MPa)	0.17 - 2.07					
Gasket stress (MPa)	2.07	4.13	6.20	8.27	10.34	13.79
Knudsen number	0.65-0.15	0.71-0.17	0.79-0.19	0.91-0.22	1.05-0.25	1.30-0.31

Tableau 4.3 Variation of porosity parameters for Graphite gasket

Gasket stress (MPa)	Number of leak paths x 10^9	Diameter of leak paths (nm)
2.07	2.831	38.20
4.13	2.466	35.10
6.21	2.040	31.40
8.27	1.570	27.30
10.34	1.364	23.68
13.79	0.953	19.07

Figure 4.7 shows the variation of the two parameters plotted as functions of gasket stress. Using these curves, the capillary size and number under any specific gasket stress can be obtained to predict the volumetric flow rate for the liquid using Eq.(4.6). The predicted leak rates are compared to the ones measured experimentally in Fig.4.8. Leak rates at five stress levels varying from 4.13 to 13.79 MPa and different liquid pressures raging from 0.34 to 2.07 MPa were used. The general trend shows that the leak rate is linear with

pressure in log-log scale and this appears to be the case for the different stress levels.

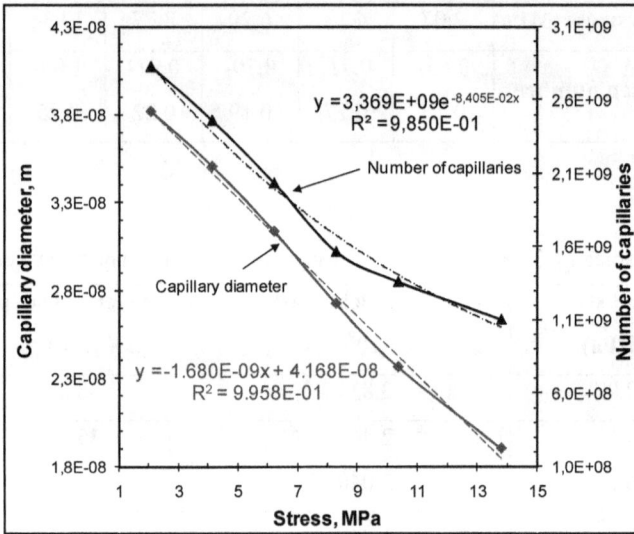

Figure 4.7 Porosity parameters vs gasket stress

The theoretical liquid leak predictions are 40 to 70 % higher than the experimental leak measurements depending on the liquid pressure and the level of stress on the gasket. These predictions are considered acceptable for small leaks. Two effects are worth considering to explain this difference. The first one is related to the surface tension present at very low porosity and the second one is the interfacial leak present at a low stress.

It would appear that at low gasket stress levels, the proportion of gas leaks at the interface between the gasket and the platens is relatively important as compared to the high level stress where most of the leak is through the porous gasket material. Therefore the porosity parameters obtained from the gas leak tests are higher than what they really should be. The mass flow rate being proportional to capillary number and the fourth power of the capillary size, the prediction of the leak rate can become overestimated. In addition, the material variation between gaskets can affect the results. It is to be noted that the gas leak tests and the liquid leak tests are conducted with different gaskets. Below the 4.13 MPa gasket stress level the interfacial leaks are so important that the leak predictions were found to be a lot higher than the actual measured once. The correlation at the very small low stress level can be precise with the laminar flow with velocity slip condition model given by Eq.(4.6) as it would be more appropriate to use other laminar flow models.

Figure 4.9 shows the ratio between the volumetric flow rates of kerosene and water as given for the slip model and compared to the commonly used laminar flow ratio. It is clear that this ratio depends not only on the liquid dynamic viscosities as in the laminar flow model but also on the pore size and the pressure difference between the inlet and the outlet of the gasket.

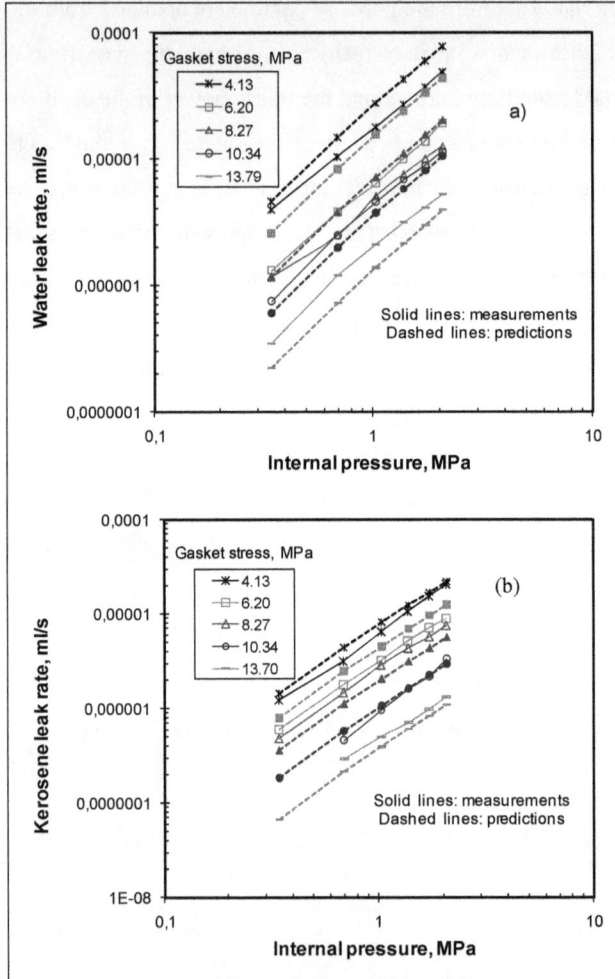

Figure 4.8 Leak liquid measurements and predictions; a) Water,
b) Kerosene

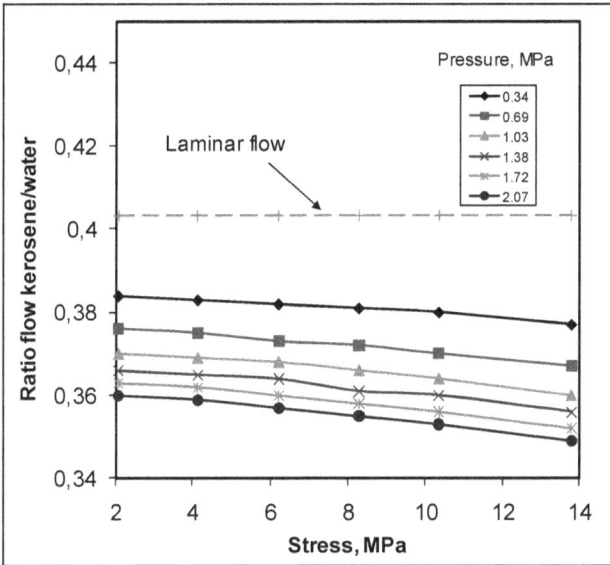

Figure 4.9 Leak ratio of kerosene and water vs gasket stress

4.7   Conclusion

A method of predicting liquid leak based on the porosity parameters obtained from gaseous leak tests is presented. The method is verified with graphite sheet gasket in the presence of liquid water and kerosene. Based on Eq.(4.6), the capillary flow model seems to be appropriate for liquid leak predictions at the low stress level. In addition, the correlation between liquids depends on the liquid dynamic viscosities, the pore size and the pressure difference across the gasket.

In general, the theoretical predictions are reasonably in good agreement with the experimental measurements. The discrepancy can be explained by the fact that the theoretical model assumes that the complete flow passes through the porous gasket and does not account for interfacial leak present at very low stress levels. Nevertheless, the results obtained are very promising and this work is still under way since the authors are investigating other liquids and porous materials.

130

CHAPITRE 5

PREDICTION OF LEAK RATES THROUGH POROUS GASKET AT HIGH TEMPERATURE

Cet article a été soumis à l'ASME Journal of Pressure Vessel Technology, comme l'indique la référence bibliographique.

Lotfi, Grine and Abdel-Hakim Bouzid, "Prediction of leak rates through porous gasket at high temperature". ASME Journal of Pressure Vessel Technology, soumis, 13 April 2012.

5.1   Résumé

La capacité d'un joint à maintenir l'étanchéité sous différents effets (pression et contraintes) a été largement étudiée depuis quelques années. Par contre, la plupart des recherches sur les fuites à travers les joints ont été réalisées sur des conditions isothermes. Le but de ce travail est de prendre en considération l'effet de la température, dans le but de prédire les fuites à travers le joint. La méthode expérimentale de la caractérisation de la structure interne du joint déjà utilisée dans les deux premiers articles a été adoptée pour le cas de la haute température. En se servant du modèle du régime d'écoulement de glissement employé pour le calcul des débits de fuite à travers le milieu poreux que représente le matériau du joint, nous avons validé et comparé les résultats expérimentaux effectués sur un banc d'essai avec deux gaz à savoir l'hélium et l'azote. Le taux de fuites mesuré est d'environ 1×10^{-4} à 1×10^{-2} Pa.m^3/s, ce qui est mesurable à l'aide d'une technique de mesure de fuites par

132

montée de pression. Certaines petites fuites ont été mesurées sur un intervalle de temps de 2 à 3 heures.

Dans un deuxième temps, l'influence de l'écrasement du joint à haute température sur le débit de fuites a été étudiée. Ceci nous a permis de prédire l'étanchéité de manière plus précise, tout en tenant compte des paramètres thermiques du gaz et du comportement mécanique des joints à haute température. Dans cette étude, nous avons eu recours à des joints comprimés en feuilles de graphite. Pour des niveaux de contraintes sur le joint allant jusqu'à 42 MPa, l'étanchéité du joint a été mesurée pour une gamme de température entre 23 et 232 °C. Il va sans dire que la prise de mesures expérimentales du banc d'essai UGR a fait l'objet d'une étude de validation complète incluant la calibration, la répétabilité, la précision et la fiabilité.

Des courbes décrivant les résultats analytiques et expérimentaux des taux de fuites en fonction de l'écrasement du joint à différentes températures, permettent ainsi de mieux visualiser l'effet de la température. Les résultats expérimentaux ont été comparés aux prédictions théoriques.

5.2 Abstract

The ability of a gasket to maintain tightness under different operating conditions has been studied extensively in recent years. However, most of the research studies conducted on leakage predictions were performed at room temperature. The aim of this work is to predict leakage through gaskets taking into account the effect of temperature on the fluid properties and gasket internal structural characteristics. The analytical model of slip flow regime to evaluate the mass leak rates through a porous gasket developed in (Grine et Bouzid, 2011a) was used in this study. The results from the model were validated and compared with experimental data obtained from tests conducted on the Universal Gasket Rig with two different gases (Helium, Nitrogen). The leak rates measured are in the range of 1 to 10^{-4} mg/s, which is measurable using a pressure rise technique.

As a second objective, the influence of the gasket displacements caused by stress and temperature on the flow leakage was studied. A relationship between displacement or void thickness and leakage is clearly demonstrated. The slip flow regime model is capable of predicting leakage at temperature with reasonable accuracy.

5.3   Introduction

Several studies investigated the effect of temperature on the leakage behaviour of bolted flanges used with flexible graphite sheet gasket (Brown et Reeves, 2001; Derenne et al., 2000; Winter et Coppari, 1996). However, very few of them tackled the prediction of leak rates through the porous gasket. This is because the development of a model would require the size of the porous structure of the gasket to be known at all times during operation. Several parameters such as load history, temperature and thermal degradation of the gasket are required for the analytical model.

The prediction of leakage in bolted gasketed joints was a subject of recent studies. The various models described in the literature (Arghavani, Derenne et Marchand, 2002; Jolly et Marchand, 2006; Masi, Bouzid et Derenne, 1998)are used to predict leak rates at room temperature. These studies are generally conducted on gasket test rigs that operate at room temperature using gases and liquids (Grine et Bouzid, 2011b)as the fluid media. The measurement of the change in porous structure at high temperature is difficult to achieve in a test rig. The prediction of leakage at high temperature requires not only these gasket parameters to be known, but also the fluid properties change with temperature and any interaction between the fluid and the gasket material. The fluid density, the dynamic viscosity and the phase flow are to name a few (Asahina, Nishida et Yamanaka, 1998; Vignaud et Massart, 1993).

In order to better understand the different effects involved in the mechanisms of fluid flow through porous gasket at high temperatures, several tests under different operating conditions were performed on a special high temperature test rig. The flow prediction of Helium and Nitrogen in flexible graphite gasket subjected to inlet pressures ranging from 0.7 MPa to   4.1 MPa and different temperatures ranging from 23 °C to 232 °C is the subject of this paper. The same analytical-experimental methodology developed in our previous work (Grine et Bouzid, 2011a) was used. The analytical model is based on the slip flow consideration at the capillary wall. The influence of the gasket compression on the flow rate was examined. The results from the theoretical model have been confronted with experimental results to validate the theoretical approach proposed in this study.

5.4   Theoretical approach

The analytical model, the different hypotheses and the theoretical analyses proposed in our previous studies (Grine et Bouzid, 2011a) was used to predict the leakage rate of other gases when the leakage rate of a reference gas is known. The proposed model assumed that the leak is fully developed and employs a slip boundary condition on the channel wall. When the temperature increases in the sealing chamber, the flow is not in isothermal condition and the variation of fluid viscosity and porosity parameters affected by this change in temperature were taken into account to deduce the mass flow rate through the gasket.

The solution of compressible Navier-Stokes equations is used, and the mass leak rate for a compressible fluid is given by the following equation:

$$\dot{m} = \frac{N\pi R^4 P_0^2 \left(\Pi^2 - 1\right)}{16 \mu_g R_g TL} \left[1 + 16 \frac{2-\sigma}{\sigma} \frac{kn_0}{\Pi+1}\right] \tag{5.1}$$

The mass flow rate depends on the inlet and outlet pressuresP_0 and Π, the temperature T and the gasket porosity parameters N and R. Details of the experimental analysis to determine the internal structure of the gasket can be found in (Grine et Bouzid, 2011a). Briefly, the methodology used in the determination of the capillary model parameters necessary for the theoretical predictions is summarized hereafter.

In order to calculate the two parameters, R and N, necessary for the prediction of the mass leak rate, the analytical expression of the mass flow rate of Eq.(5.1) can be rearranged to obtain an equation in terms of the two porosity parameters A and B, such that:

$$A = NR^4\left[1 + B\frac{2}{\Pi + 1}\right] \tag{5.2}$$

Where A and B are given by:

$$A = \frac{\dot{m}16\mu_g R_g TL}{\pi P_0^2(\Pi^2 - 1)} \tag{5.3}$$

$$B = 8\frac{2-\sigma}{\sigma}kn_0$$

Equation (5.2) represents a straight line of A as a function of $2/(\Pi+1)$ known as the reciprocal pressure. For each level of gasket stress and temperature, the mass leak rates of helium gas are measured at different pressures. A linear regression of Eq.(5.2) is performed to obtain the hydraulic diameter $D_H = 2R$ and the number of capillaries N. The determination of these two gasket porosity parameters is then used to predict the mass leak rate for other gases.

To verify the validity of the theoretical model which is based on the slip flow, the Knudsen number given by (Sreekanth, 2004) is calculated as follows:

$$Kn_o = \frac{\lambda_o}{D_H} \tag{5.4}$$

5.5   Experimental setup and test preparation

The test bench used for liquid leak in our previous study (Grine et Bouzid, 2010) known as the Universal Gasket Rig (Figure 5.1), which consists of a simple fixture shown in Figure 5.2 was used to investigate the effect of

137

temperature on the gas leak rates. The apparatus consists of rigid plates through which passes a central stud. The load is applied through a hydraulic bolt tensioner using a hand pump. A ceramic band heater is deployed to heat the gasket to the required temperature using a PID controller. Other parts of the set up are a manual pressure regulator, two pressure sensors; one to measure the inlet pressure and the other one to measure the leak chamber pressure, thermocouples, data acquisition and control system and a PC. The pressure rise method was used to determine the leakage rates. The data acquisition and control of the different parameters is facilitated with a LabView software.

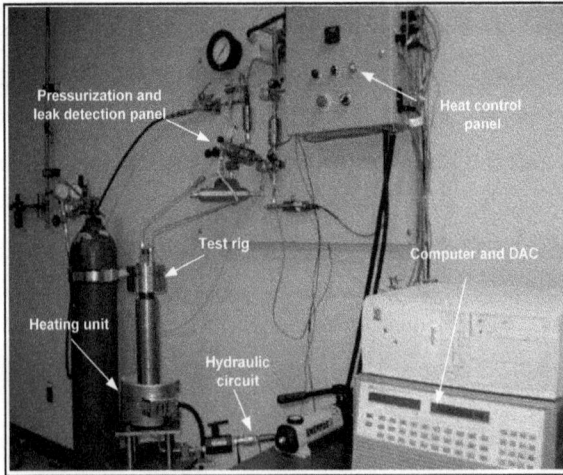

Figure 5.1 Universal Gasket Rig

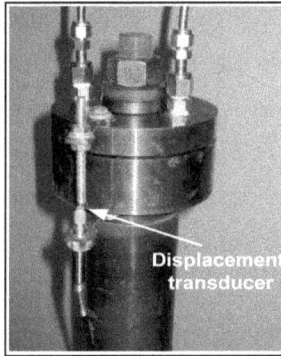

Figure 5.2 Simple test fixture

To validate the theoretical approach, the measured leak rates were conducted over a wide range of inlet pressure and gasket stress. The experimental conditions carried out with helium and nitrogen, are summarized in Tableau 5.1. The test conditions consist of four gasket stresses, five inlet pressures and five temperatures.

Tableau 5.1 Experimental conditions

Gas pressure (MPa)	0.7, 1.4, 2.1, 2.8 and 4.1
Stress gasket (MPa)	6.9, 13.8, 27.6 and 41.4
Temperature (°C)	23, 65, 121,177 and 232
Gasket specimen	Graphite sheet ⅛ in. thick

The gasket stress was set at low temperature and then the system was heated. In order to perform the measurements at high temperature, thermal compensation and adjustment against temperature drift were performed on

139

some instruments specifically on the load cell and displacement transducer. Belleville washers were used to reduce gasket relaxation due to creep. The different gaskets were used for each level of gasket stress. The tests were duplicated to check for consistency and repeatability of the results. The dynamic viscosity change with temperature was taken into consideration per the following expression (Ewart et al., 2006):

$$\mu = \mu_{ref}\left(\frac{T}{T_{ref}}\right)^{w} \tag{5.5}$$

Where w, is the viscosity index which depends on the type of the gases and equal to 0.68 for helium and 0.74 for nitrogen. μ_{ref} and T_{ref} are the viscosity and temperature respectively at standard conditions. Figure 5.3 shows the viscosity variations in the range of temperature of the performed tests.

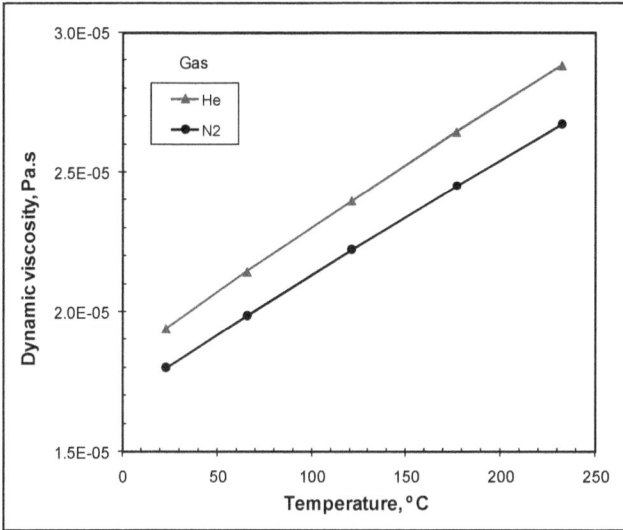

Figure 5.3 dynamic viscosity vs temperature

5.6   Results and discussion

The characterization of the internal structure of the gasket or the porosity parameters (N, D_H) are first determined before any prediction in done. Tests with helium at the different loads, temperatures and pressures are first conducted on the graphite sheet gasket of which the results are shown in Figure 5.4. As expected the leak decreases with increased load level and temperature. These results serve as the basis to plot the non-dimensional parameter A against the reciprocal pressure ratio, as shown in Figure 5.5.

141

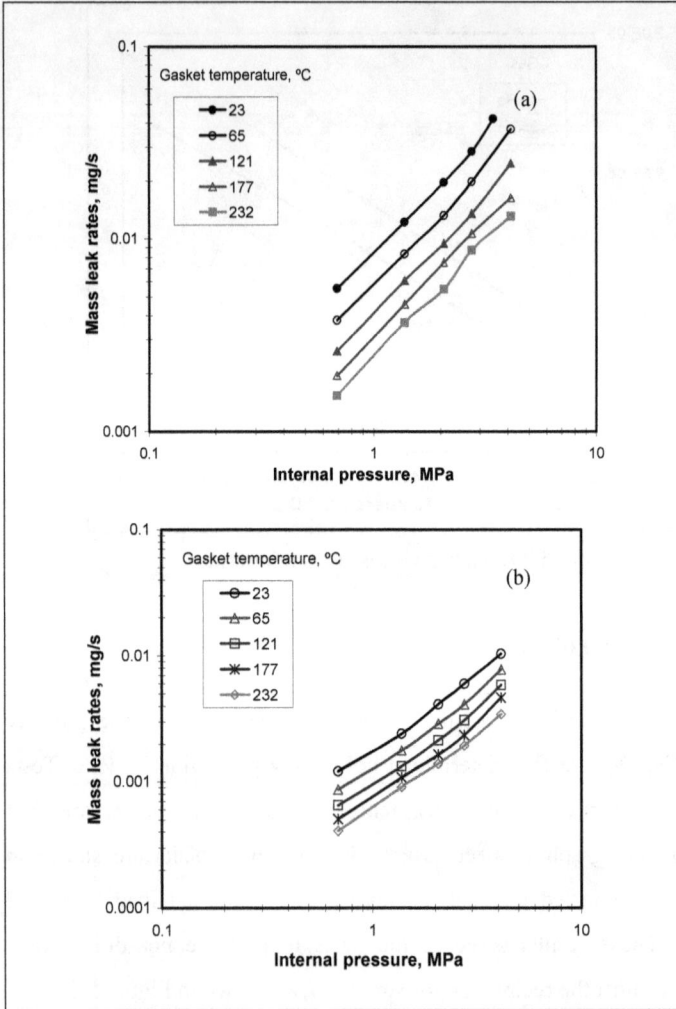

Figure 5.4 Helium mass leak rate measurements
Gasket stress a) 6.9 MPa, b) 27.6 MPa

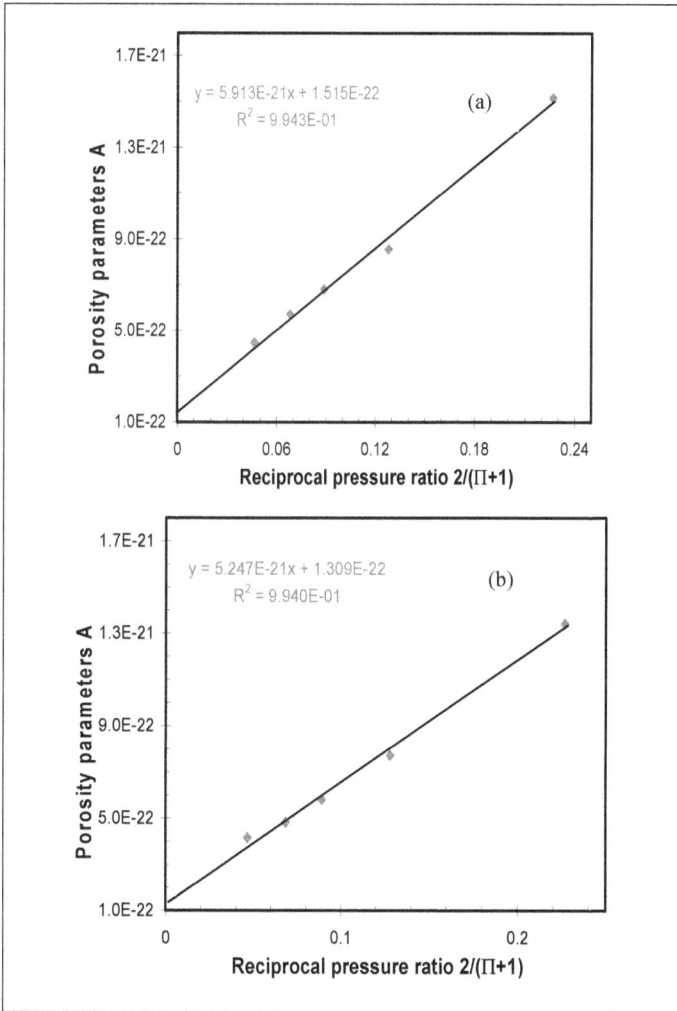

Figure 5.5 A1 vs the reciprocal pressure ratio for Sg = 27.6 MPa;
at different temperatures: a) T = 23 °C, b) T = 121 °C

The slopes and intercepts of the lines presented in these figures were used to
determine the porosity parameters R and N necessary for leakage predictions

for any gas. In the range of the leak rate measurements performed for helium and nitrogen, the range of Knudsen number measured (0.08 to 0.8) also includes early transitional flow regime in addition to the continuum slip regimes. The Knudsen numbers presented in Tableau 5.2 are calculated from the analytical identification of grid flow of the gasket and the mean free path for the used gas at the inlet using Eq.(5.4).

Tableau 5.2 Knudsen number for different experimental conditions

Stress gasket (MPa)	Temperature gasket (°C)	Knudsen number At pressures (0.7→4.1) (MPa)
6.9	23	0.4→0.08
	65	0.6→0.1
	121	0.6→0.1
	177	0.6→0.1
	232	0.6→0.1
27.6	23	0.6→0.1
	65	0.7→0.1
	121	0.7→0.1
	177	0.7→0.1
	232	0.8→0.1

Figure 5.8 presents a comparison of the measured and predicted mass leak rates with nitrogen for different gasket temperatures, inlet pressures and a given gasket stress level. The same general trend in the variation of the mass leak rate with pressure and temperature is observed. The percentage difference

between the two methods is up to 5 % for the low range of leak and up to 30% for the high range of leak. Nevertheless, considering this type of measurement, it can be conclude that a reasonable agreement between the predictions and the experimental results exists.

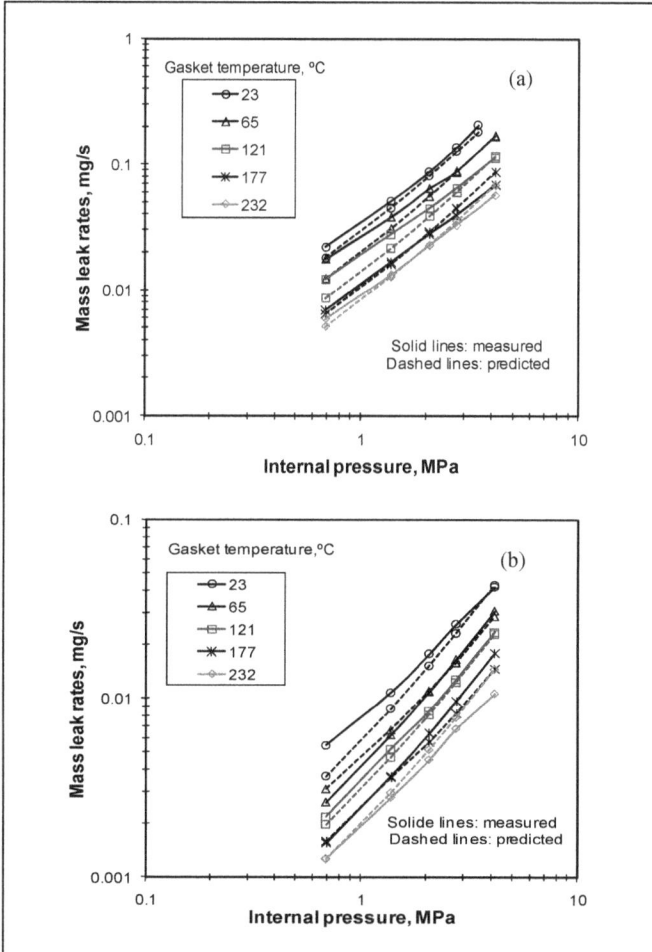

Figure 5.6 Nitrogen leak measurements and predictions at different stresses: a) 6.9 MPa, b) 27.6 MPa

The leak rate increases with pressure and decreases with increased temperature. Due to the temperature, the gasket compression increases with temperature making the pores smaller and smaller and therefore the micro-channels diameter decreases letting less and less flow through them. The results in Tableau 5.3 show that for the same level of stress the size and number of the micro paths in the gasket decrease when the temperature increases. Similar effect is observed at room temperature when the stress is increased.

Tableau 5.3 Variation of porosity parameters for compressed fiber sheet gasket

Gasket stress (MPa)	Tempe. (°C)	Number of leak paths x 10^9	Diameter of leak paths (mm)x 10^{-5}	Number of plates x 10^2 [ref.7]	Thickness of plates (mm) x 10^{-5} [ref.7]	Gasket displ. (mm)
	23	1.903	5.370	3.625	4.028	0.332
	65	1.680	5.336	3.179	4.000	0.368
6.9	121	1.586	5.272	2.967	3.950	0.413
	177	1.578	5.192	2.907	3.894	0.451
	232	1,562	5.152	2.855	3.864	0.465
	23	1.415	3.618	1.816	2.712	0.585
	65	1.376	3.538	1.727	2.654	0.604
27.6	121	1.359	3.524	1.699	2.642	0.621
	177	1.352	3.516	1.686	2.636	0.636
	232	1.349	3.514	1.682	2.636	0.648

In Tableau 5.3, it is interesting to note that for 6.9 MPa gasket stress, when the temperature increase from 23 °C to 232 °C the axial deformation (gasket displacement) increases by 40 % while the leak rate deceased by a factor of 2.5 at 0.7 MPa and 4 at 4.1 MPa. However, for 27.6 MPa of gasket stress, for the same change in the temperature, the axial deformation of the gasket increases by only 11 % while the leak rate decreased by a factor of 1.9 at 0.7 MPa and 2 at 4.1 MPa. The two mechanisms responsible for the variation of the porosity of the gasket are the load level and temperature. The experimental results of Tableau 5.3 show clearly that the load affects the gasket porosity and therefore leakage more than the temperature.

The influence of the gasket compression on the leak rate caused by stress and temperature is shown in Figure 5.7.

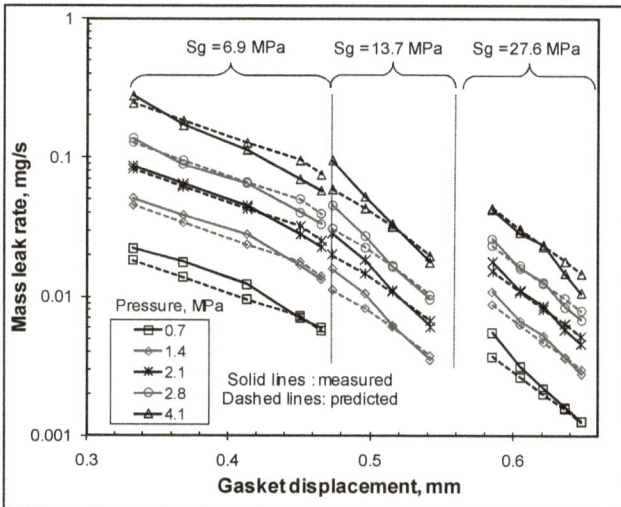

Figure 5.7 Mass leak rates vs gasket displacement at different temperatures for Nitrogen

Gasket compression shown in the x axis is the gasket thickness change caused by the different stress levels, but also by temperature within a stress level as shown in Figure 5.8. It can be seen that the mass leak rates decrease gradually when the deformation of the gasket increases. This decrease should be continuous when the stress passes from one level to another. The curves do not show a smooth continuity because for every stress level a new gasket was required causing a repeatability issue. Indeed it is well established that a test variation from one gasket batch to another exists. After performing repeatability tests, a difference of up to 15% was found in leakage within the temperature and pressure range of the experimentation. A new gasket is required every time the load is increased. This is because the internal structure is modified when the temperature is increased within the load level. It is interesting to note that the prediction of mass leak rates can be better performed using gasket deformation rather than gasket stress. It is worth investigating whether a design based on gasket deformation is more suitable than gasket stress in specific applications.

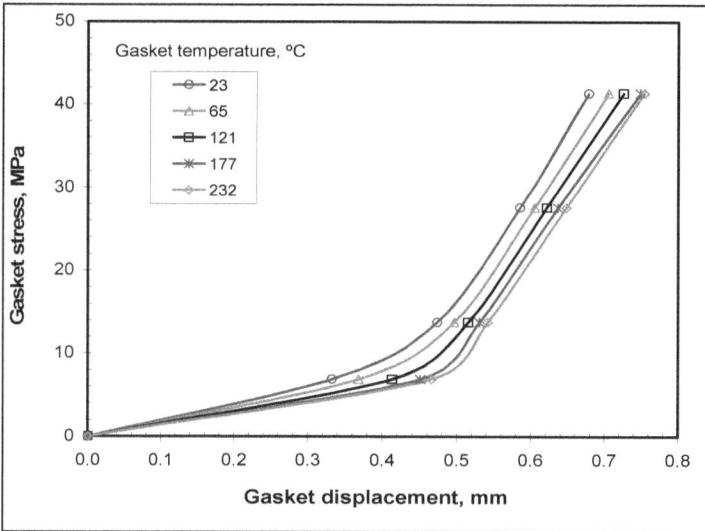

Figure 5.8 Gasket stress vs gasket displacement at different gasket
temperature

Figure 5.9 shows a linear variation between the measured volumetric leak rate
and the thickness of the voids for Nitrogen (N2) and Helium (He). The latter
is calculated at the inner radius of the gasket based on the hydraulic diameter
and the number of micro-channels (Grine et Bouzid, 2011a).

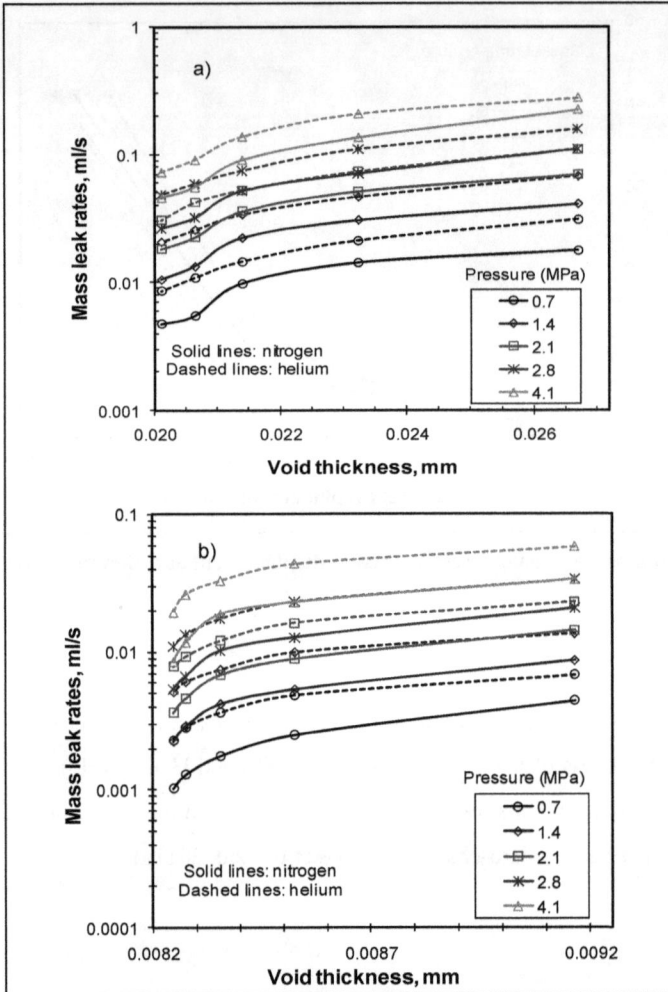

Figure 5.9 Mass leak rates vs void thickness at
different stresses: a) 6.9 MPa, b) 27.6 MPa

When the temperature increases the diameter of the leak paths decrease. This is shown in Figure 5.10(a) with both stress levels 6.9 and 27.6 MPa. Thus the diameter of the leak path is inversely proportional to the temperature.

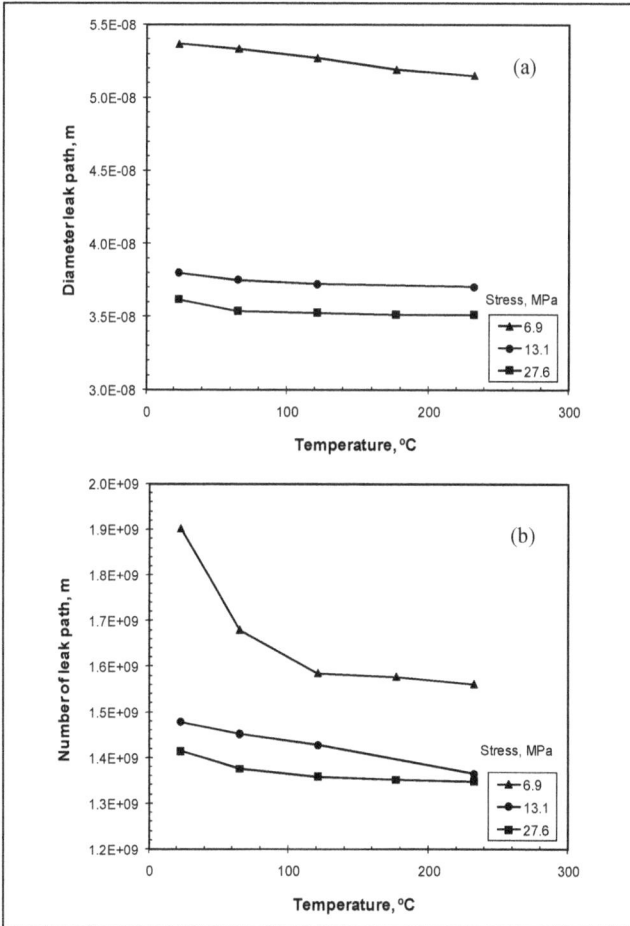

Figure 5.10 Effect of temperature on grid leakage: a) Diameter of leak path, b) Number of leak path

151

Figure 5.10(b) shows also a large drop in the number of leak paths at low stress level compared to the high stress level when the temperature is increased. The rate of change of the hydraulic diameter and the number of micro-channels with temperature is rather constant once a certain load level is reached; above 6.9 MPa in this case. It is also observed that the lines of change of the hydraulic diameter and the number of micro-channels with temperature are closer after this level of stress.

5.7   Conclusion

The development of gasket materials and their leakage prediction requires an understanding of the fluid flow through the gasket pores and their size change with temperature. The effect of gasket compression on the leak rates caused by load and temperature was examined. Based on the results, the prediction of leak rates at different temperature and using different fluids can be reasonably accurate provided the gasket internal structure size is known. This can be achieved using simple leak tests with one reference gas at different temperatures.

152

153

CONCLUSION

Les différents types d'assemblages boulonnés munis de joints ne peuvent assurer une étanchéité parfaite. Pour assurer un développement durable et propice à la salubrité de l'environnement, les ingénieurs doivent concevoir des systèmes pressurisés avec une étanchéité adéquate, en constante évolution avec les exigences et réglementation en vigueur et donc se caractérisant par la nécessité de toujours réduire, voire éliminer la totalité des émissions fugitives. Plusieurs démarches doivent être adoptées pour diminuer les fuites, prévenir les accidents et réduire les coûts de maintenance et des arrêts. Parmi les démarches menant à une conception sûre des installations industrielles, on cite de façon succincte le chargement adéquat de l'assemblage boulonné, un bon choix du matériau du joint d'étanchéité, ainsi que la prise en considération d'une technique de prédiction réaliste des fuites à court et à long terme.

L'utilisation d'un élément d'étanchéité s'avère indispensable dans de nombreuses applications, telles que les joints dans les brides boulonnées et les garnitures dans les presse-étoupes. En pratique, ces éléments d'étanchéité permettent de compenser les irrégularités des surfaces métalliques, le désalignement et les déformations résultant d'un chargement non-uniforme. Il est nécessaire de tester la performance des joints sous certaines conditions. Cependant il n'est pas rentable d'effectuer des essais sous toutes les conditions de contraintes, de pression de température et avec différents fluides. Il est plus intéressant de prédire les fuites de liquide ou de gaz en effectuant une corrélation avec les fuites mesurées avec un minimum d'essais en utilisant un seul gaz de référence.

À partir de ces constatations, il nous a semblé intéressant d'introduire une approche théorique s'appuyant sur le concept microscopique de l'écoulement à travers les milieux poreux, capable de prédire le taux de fuite tout en se basant sur la caractérisation poreuse du joint. Une telle approche permettra de mieux cerner la problématique de la prédiction des fuites dans les assemblages boulonnés munis de joint d'étanchéité. La contribution scientifique dans le cadre de ce travail se résume en trois parties principales.

Dans la première partie, l'intérêt a été porté sur l'écoulement à travers les nouveaux matériaux performants des joints tels que le téflon (PTFE); ce qui exige une prédiction précise de l'écoulement à travers leur structure poreuse et des techniques sophistiquées de mesure de fuites. Un modèle analytique a été développé, prenant en considération le régime d'écoulement de glissement ou régime moléculaire libre, afin de prédire les débits de fuites à l'échelle microscopique. Ce modèle est basé sur des mesures de fuites de gaz de référence en fonction du nombre de Knudsen. Le nombre et la taille des pores qui constituent les chemins d'écoulement (diamètre des capillaires ou épaisseur des couches du vide) à travers un joint d'étanchéité constituent les deux paramètres de porosité requis, rendant possible la prédiction. Pour chaque niveau de contrainte, ces paramètres sont obtenus à partir des mesures de fuites avec un gaz de référence à différentes pressions. Dans cette partie d'étude, il a été démontré que pour un niveau de fuite élevé de l'ordre de 10^{-4} mg/s, le modèle d'écoulement de type glissement donne une meilleure prédiction des fuites, alors que pour de bas niveaux de fuite de l'ordre de 10^{-6} mg/l, le modèle d'écoulement moléculaire permet de meilleurs prédictions de fuites. Cependant l'erreur maximal retrouvée avec le modèle moléculaire est d'environ 11 % et ce, pour un faible intervalle de fuite allant de 10^{-6} à 10^{-7}

mg/l. L'erreur maximale avec le régime d'écoulement de glissement est de 20% pour un haut niveau de fuite de 10^{-4} à 10^{-5} mg/l. Néanmoins, ces résultats sont acceptables pour les prédictions de fuite.Compte tenu de ces résultats on conclut que le débit massique est prédit avec une précision raisonnable pour quatre différents types de gaz (l'hélium, l'azote, l'air et l'argon) sur toute la gamme du nombre de Knudsen, qui couvre le régime d'écoulement de glissement jusqu'au régime d'écoulement moléculaire libre. En sus de cela, nous avons également constaté que l'étanchéité des joints est étroitement liée à des paramètres géométriques de la porosité: diamètre hydraulique et nombre de capillaires (D_H et N) pour une modélisation avec les capillaires, où l'épaisseur équivalente de la couche du vide et le nombre de couches pour une modélisation avec des couches. Pour les joints en téflon, l'étanchéité maximale est le résultat de la saturation des déformations des chemins de fuites.

Dans la deuxième partie de cette étude, on retrouve une méthode de prédiction de fuites de liquides, basée sur la détermination des paramètres de porosité obtenus à partir des tests de fuites avec un gaz de référence. La méthode est validée avec un joint en feuille de graphite en présence de deux liquides à savoir l'eau et le kérosène. Dans cette partie, nous avons fait appel à un modèle d'écoulement similaire à celui déjà adopté dans la première partie, avec les propriétés pour les liquides. Il a été également constaté que le modèle capillaire est le modèle approprié pour la prédiction de fuites liquides pour des chargements faibles à modérés. En plus, la corrélation entre les fuites liquides dépend de la viscosité dynamique des liquides, de la taille des pores et de la différence de pression à travers le joint d'étanchéité. Le pourcentage d'erreur entre les mesures de fuites expérimentales et les prédictions théorique est plus

156

élevé (40 % a 70 %) par rapport à ce qui été trouvé dans le cas de prédiction de fuites gazeuses. Néanmoins, cela reste toujours acceptable pour les mesures de fuite. Cet écart peut être expliqué d'une part par le fait que le modèle théorique suppose que l'écoulement passe complètement à travers la structure poreuse du joint, et donc ne tient pas compte des fuites inter-faciales se présentant à de faibles niveaux de contraintes, et d'autre part par le fait que les joints ont été changés après chaque test.

La fuite est le produit d'un écoulement à travers la structure poreuse du matériau du joint et dépend des paramètres thermodynamiques du fluide qui fuit (viscosité, pression et température). Toutefois, la porosité du joint dépend du niveau de la contrainte et de la température sur le joint puisque ces deux paramètres ont une grande influence sur sa déformation. Par conséquent, dans la troisième partie de cette étude, il est question de l'effet de la température sur l'écoulement à travers le joint suite à un changement de la structure interne du joint (paramètres de porosité) et du fluide (viscosité). Il a été remarqué, durant cette partie de l'étude, que les phénomènes d'écoulement des fuites dans les microcanaux sous l'effet de la température sur le joint comportent certaines difficultés comparativement aux fuites à la température ambiante. Ainsi, il a été remarqué que la déformation axiale des joints contrôle mieux le degré d'étanchéité du joint par rapport à celui du niveau de contrainte sur le joint. Dans cette partie de l'étude, il est intéressant de noter que l'augmentation de la température de 23 °C à 232 °C conduit a une importante augmentation de la déformation axiale de l'ordre de 40 % pour de faibles niveaux de contrainte sur le joint (7 MPa), cependant, cette dernière est estimée à 11 % pour de hauts niveaux de contrainte. Cependant, une diminution d'un facteur de 2,5 à 4 est notée pour de faibles niveaux de contrainte, et une réduction du taux de fuite par un facteur d'environ de 2 est notée pour les hauts niveaux de contrainte.Aussi, les résultats mettent en évidence que l'effet de la température n'a pas un impact décisif sur le taux de fuites à travers le joint pour des niveaux de contrainte élevés sur le joint. Finalement, on a conclu que le modèle de prédiction de fuites basé sur un régime d'écoulement de glissement produit des prévisions précises de débit massique de fuite à travers des joints d'étanchéité, en tenant compte de l'effet de la température sur les propriétés mécaniques du joint.

De façon succincte, notre contribution scientifique se démarque des précédentes études de prédiction de fuites à travers un joint d'étanchéité. En effet, elle s'appuie sur la caractérisation expérimentale de la structure interne du joint obtenue par des essais de fuites et qu'elle peut ainsi s'étendre par le biais de la prédiction à des conditions de fonctionnement différentes. La prédiction des fuites basée sur un régime d'écoulement glissant présente l'avantage de donner lieu à des solutions analytiques facilement exploitables. Aussi, l'amélioration percutante de notre étude représente la prise en considération de l'impact du facteur de température à court terme sur le niveau de fuites. Finalement, on peut dire que le modèle proposé permet de mieux caractériser la nature complexe de l'écoulement des fluides à travers le matériau poreux des joints, tout en prenant en considération l'évolution de la structure interne du joint et le fluide suite aux variations du chargement et de la température.

158

RECOMMANDATIONS

Partant du principe que l'étanchéité absolue n'existe pas et du dictant qui affirme que mieux vaut prévenir que guérir, notre étude se manifeste comme un élan dans le domaine de la prédiction des fuites dans les brides boulonnées munies de joints pour un meilleur contrôle de ces fuites. Cependant, elle nécessite certaines améliorations pour pouvoir combler le domaine de la prédiction des fuites à travers des joints d'étanchéité. Les recommandations proposées sont brièvement décrites ci-après :

1. Faire des essais à haute température avec des fluides liquides incluant les liquides qui subissent une transformation à haute température comme l'eau. En effet la présence de la vapeur et de l'eau en même temps sous certaines conditions requière la connaissance des écoulements diphasiques;

2. Étudier la prédiction des fuites en prenant en compte le vieillissement et la dégradation thermique du joint d'étanchéité à long terme. Les joints exposés à la température se dégradent et subissent une perte de poids. L'intervalle du temps proposé est de 1 à 2 semaines, et à la suite de cela, un graphique montrant la variation de la structure interne du joint en fonction du temps est tracé, ce qui nous permettrait d'obtenir une estimation de la dégradation de la structure du joint pour une durée donnée;

3. Réaliser des essais sur d'autres types de joint et avec d'autres gaz présentant une masse molaire très importante, comme le SF6 par exemple;

4. Le mécanisme de fuites surfacique est généré dans certaines conditions opérationnelles, tels qu'en présence d'un faible niveau de contrainte, un fluage du joint et surtout en présence d'un joint métallique. Il serait donc nécessaire de développer des modèles de caractérisation des joints en étanchéité vis-à-vis des fuites surfacique, tout en tenant compte de l'état de surface des brides et de la forme des stries concentriques ou spiralées (phonographique);

5. Finalement, afin d'élargir la validité des modèles de prédiction de fuites, il serait nécessaire de développer des techniques de mesure pour les petites fuites liquide se produisant suite à l'application de charges élevées sur le joint.

ANNEXE I

APPROCHE THÉORIQUE : ÉCOULEMENT GAZEUX ET LIQUIDE

Dans les modélisations suivantes, on a supposé que l'écoulement est permanant, isotherme localement incompressible, les forces du volume sont négligeables et le profil de vitesse est supposé être localement pleinement développé.

Écoulement gazeux

Modèle capillaire

Cette modélisation, consiste à modéliser le joint d'étanchéité par un ensemble de capillaires rectilignes et uniformes. À partir de ce modèle et à l'aide des équations d'écoulements de Navier Stockes à travers des micros tubes de section circulaire, il est possible de définir un modèle de calcul qui tient compte de l'effet du glissement.

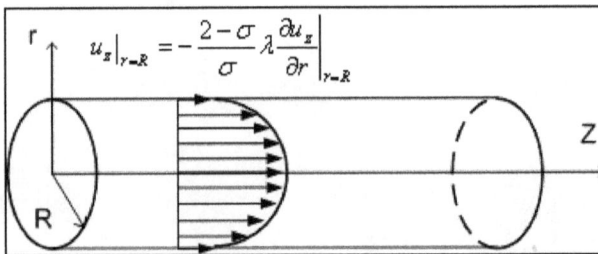

$$u_z\big|_{r=R} = -\frac{2-\sigma}{\sigma}\lambda\frac{\partial u_z}{\partial r}\bigg|_{r=R}$$

Figure A I-1 Modèle capillaire avec les conditions aux rives

162

Pour un fluide compressible, les équations de conservation de la masse et de quantité de mouvement de Navier Stokes pour un régime d'écoulement continu et glissant peuvent être écrites comme suit :

$$\frac{\partial \rho}{\partial t} + \frac{\partial (\rho u_k)}{\partial x_k} = 0 \tag{A.1.1}$$

$$\frac{\partial (\rho u_i)}{\partial t} + \frac{\partial (\rho u_k u_i)}{\partial x_k} = -\frac{\partial p}{\partial x_i} + \frac{\partial \tau_{ik}}{\partial x_k} \tag{A.1.2}$$

Pour un fluide Newtonien et donc isotrope, le tenseur de contraintes est donné par :

$$\tau_{ik} = \mu \left(\frac{\partial u_i}{\partial x_k} + \frac{\partial u_k}{\partial x_i} \right) + \lambda \left(\frac{\partial u_j}{\partial x_j} \right) \delta_{ik} \tag{A.1.3}$$

Où μ et λ, sont le premier et le second coefficient de viscosité respectivement. δ est le delta de Kronecker.

L'équation de conservation de la masse pour un fluide compressible en coordonnées cylindrique est la suivante:

$$\frac{\partial \rho}{\partial t} + \frac{\partial (\rho u_z)}{\partial z} + \frac{1}{r} \frac{\partial (r \rho u_r)}{\partial r} = 0 \tag{A.1.4}$$

u_z étant la vitesse du fluide selon z et u_r selon r.

L'équation de conservation de la quantité de mouvement selon z pour un fluide compressible en coordonnées cylindrique est :

$$\frac{\partial(\rho u_z)}{\partial t}+\frac{\partial(\rho u_z u_z)}{\partial z}+\frac{1}{r}\frac{\partial(\rho.r.u_z.u_r)}{\partial r}-\frac{\partial}{\partial z}\left(\mu\frac{\partial u_z}{\partial z}\right)-\frac{1}{r}\frac{\partial}{\partial r}\left(r\mu\frac{\partial u_z}{\partial r}\right)=$$
$$-\frac{\partial}{\partial z}\left(P+\frac{2}{3}\mu\nabla.V\right)+\frac{\partial}{\partial z}\left(\mu\frac{\partial u_z}{\partial z}\right)+\frac{1}{r}\frac{\partial}{\partial r}\left(r\mu\frac{\partial u_r}{\partial z}\right)$$

(A.1.5)

Sachant que :

$$\nabla.V=\frac{\partial u_z}{\partial z}+\frac{1}{r}\frac{\partial(ru_r)}{\partial r}$$

(A.1.6)

Dans le but d'identifier l'importance relative des termes d'inertie comparativement aux termes de diffusion dans l'équation de la quantité de mouvement :

$$\frac{\rho u\frac{\partial u}{\partial z}}{\mu\frac{\partial^2 u}{\partial r^2}}\approx\frac{\rho u^2/L}{\mu.u/h^2}=\frac{\rho u h}{\mu}\left(\frac{h}{L}\right)=\text{Re}\left(\frac{h}{L}\right)$$

(A.1.7)

Pour un écoulement avec un nombre de Reynolds relativement faible (Re<< 1) dans des canaux qui présentent un rapport (L/h) très important (L/h >> 1), l'effet d'inertie dans l'équation de la quantité de mouvement peut être négligé. Donc tous les termes, qui sont multipliés par la vitesse sont nuls ($u\bullet(...)=0$).

L'équation de conservation de la quantité de mouvement en coordonnées polaires sans tenir compte de l'effet d'inertie (nombre de Reynolds faible avec un rapport important de L/D), se réduit à :

$$-\frac{1}{r}\frac{\partial}{\partial r}\left(r\mu\frac{\partial u_z}{\partial r}\right)=-\frac{\partial p}{\partial z}$$

(A.1.8)

Finalement,

$$\frac{1}{r}\frac{d}{dr}\left(r\frac{du_z}{dr}\right)=\frac{1}{\mu}\frac{dp}{dz}$$

(A.1.9)

Dans le cas simple d'un écoulement isotherme et sans déplacement de la paroi établie dans un micro tube de section circulaire, les conditions aux limites du premier ordre sont :

$$u_z\big|_{r=R}=-\frac{2-\sigma}{\sigma}\lambda\frac{\partial u_z}{\partial r}\bigg|_{r=R}$$

$$\frac{\partial u_z}{\partial r}\bigg|_{r=0}=0$$

(A.1.10)

On a :

$$\frac{d}{dr}\left(r\frac{du_z}{dr}\right)=\frac{r}{\mu}\frac{dp}{dz}$$

$$r\frac{du_z}{dr}=\frac{1}{\mu}\frac{dp}{dz}\left(\frac{r^2}{2}+c_1\right)$$

$$\frac{du_z}{dr}=\frac{1}{\mu}\frac{dp}{dz}\left(\frac{r}{2}+\frac{c_1}{r}\right)$$

(A.1.11)

165

Donc la solution générale pour l'équation (A.1.9) est :

$$u_z = \frac{1}{\mu}\frac{dp}{dz}\left(\frac{r^2}{4} + c_1 \ln r + c_2\right) \tag{A.1.12}$$

Où $c_1 = 0$ puisque la vitesse a une valeur finie à $r = 0$. Utilisant les conditions aux limites(A.1.10):

$$-\frac{2-\sigma}{\sigma}\lambda\frac{du_z}{dr}\bigg|_{r=R} = \frac{1}{\mu}\frac{dp}{dz}\left(\frac{R^2}{4} + c_2\right)$$
$$\frac{du_z}{dr}\bigg|_{r=R} = \frac{1}{\mu}\frac{dp}{dz}\left(\frac{R}{2}\right) \tag{A.1.13}$$

Nous trouvons :

$$c_2 = -\frac{2-\sigma}{\sigma}\lambda\frac{R}{2} - \frac{R^2}{4} \tag{A.1.14}$$

Donc la distribution de la vitesse dans le micro tube est donnée par la formule suivante :

$$u_z = \frac{1}{\mu}\frac{dp}{dz}\left(\frac{r^2}{4} - \frac{R^2}{4} - \frac{2-\sigma}{\sigma}\lambda\frac{R}{2}\right) \tag{A.1.15}$$

Lorsque l'effet de la raréfaction n'est pas considéré ($K_n \approx 0$), la vitesse dans le centre du microtube est la suivante:

$$u_{z_0} = -\frac{R^2}{4\mu}\left(\frac{dp}{dz}\right) \qquad (A.1.16)$$

Car :

$$
\begin{aligned}
u_z\big|_{r=0} &= \frac{1}{\mu}\frac{dp}{dz}\left(-\frac{R^2}{4} - \frac{2-\sigma}{\sigma}\lambda\frac{R}{2}\right)\\
&= -\frac{1}{\mu}\frac{dp}{dz}\frac{R^2}{4}\left(1 + \frac{2-\sigma}{\sigma}4\frac{\lambda}{2R}\right) \qquad (A.1.17)\\
&= -\frac{1}{\mu}\frac{dp}{dz}\frac{R^2}{4}\left(1 + \frac{2-\sigma}{\sigma}4K_n\right)
\end{aligned}
$$

$$\Rightarrow \frac{u_z}{u_{z_0}} = u_z^* = 1 - r^{*2} + 4\frac{2-\sigma}{\sigma}K_n \qquad (A.1.18)$$

Avec :

$$r^* = \frac{r}{R}$$

$$u_z^* = \frac{u_z}{u_{z_0}} \qquad (A.1.19)$$

$$K_n = \frac{\lambda}{2R}$$

D'après l'équation (A.1.18), en raison du glissement à la paroi, on remarque bien que le profil des vitesses de Hagen-poiseuille ($u_z^* = 1 - r^{*2}$) est translaté.

La vitesse moyenne adimensionnelle est :

$$\bar{u}_z^* = \frac{1}{\pi}\int_0^1 u_z^* 2\pi r^* dr^* = \frac{1}{\pi}\int_0^1\left(1 - r^{*2} + 4\frac{2-\sigma}{\sigma}K_n\right)2\pi r^* dr^*$$

$$\bar{u}_z^* = \frac{1}{2} + 4\frac{2-\sigma}{\sigma}K_n \qquad\qquad (A.1.20)$$

$$\bar{u}_z = u_{z_0}\left(\frac{1}{2} + 4\frac{2-\sigma}{\sigma}K_n\right) = \frac{-R^2}{4\mu}\left(\frac{dp}{dz}\right)\left(\frac{1}{2} + 4\frac{2-\sigma}{\sigma}K_n\right)$$

Considérant le modèle d'écoulement de glissement de premier ordre, le débit massique d'un gaz à travers les micros tubes de section circulaire est exprimé par l'équation suivante :

$$m_{NS1,circ} = \rho\bar{u}_z A = p.\bar{u}_z.\frac{A}{\mathrm{Re}.T}$$

$$m_{NS1,circ} = \rho\bar{u}_z A = \frac{\pi R^2 p}{\mathrm{Re}T}\left[-\frac{R^2}{4\mu}\left(\frac{dp}{dz}\right)\left(\frac{1}{2} + 4\frac{2-\sigma}{\sigma}K_n\right)\right] \qquad (A.1.21)$$

$$m_{NS1,circ} = -\frac{\pi R^4}{4\mu\,\mathrm{Re}T}\left[\frac{1}{2}.p.\frac{dp}{dz} + 4\frac{2-\sigma}{\sigma}p.K_n.\frac{dp}{dz}\right]$$

Le débit massique peut être calculé par la relation $m_{NS1,circ} = \rho\bar{u}_z A = p.\bar{u}_z.\frac{A}{\mathrm{Re}.T}$, ce débit est indépendant de z, donc $\int_{r_i}^{r_e} dz = r_e - r_i = L$:

$$\Rightarrow m_{NS1,circ} = \frac{-\pi R^4}{4\mu\,\mathrm{Re}\,TL}\left[\frac{1}{2}\int_{P_i}^{P_0} p.dp + 4\frac{2-\sigma}{\sigma}p_0 K_{n_0}\int_{P_i}^{P_0} dp\right] \qquad (A.1.22)$$

$$\dot{m}_{NS1,circ} = \frac{-\pi R^4}{4\mu \, Re \, TL}\left[\frac{1}{2}\left(\frac{1}{2}p^2\right)^{p_0}_{p_i} + 4\frac{2-\sigma}{\sigma}p_0 K_{n_0}\left(p\right)^{p_0}_{p_i}\right]$$

$$\dot{m}_{NS1,circ} = \frac{-\pi R^4}{4\mu \, Re \, TL}\left[\frac{1}{4}\left(p_0^2 - p_i^2\right) + 4\frac{2-\sigma}{\sigma}p_0 K_{n_0}\left(p_0 - p_i\right)\right]$$

$$\dot{m}_{NS1,circ} = \frac{-\pi R^4 p_0^2}{16\mu \, Re \, T.L}\left[\left(1 - \Pi^2\right) + 16\frac{2-\sigma}{\sigma}K_{n_0}\left(1 - \Pi\right)\right] \; avec \; \Pi = \frac{p_i}{p_0} \qquad (A.1.23)$$

$$\dot{m}_{NS1,circ} = \frac{\pi R^4 p_0^2 \left(\Pi^2 - 1\right)}{16\mu \, Re \, TL}\left[1 + 16\frac{2-\sigma}{\sigma}\frac{K_{n_0}}{\Pi + 1}\right]$$

Donc, puisque le joint est saturé des pores, l'équation (A.1.23) devient :

$$\dot{m}_{NS1,circ} = \frac{N\pi R^4 p_0^2 \left(\Pi^2 - 1\right)}{16\mu \, Re \, T.L}\left[1 + 16\frac{2-\sigma}{\sigma}\frac{K_{n_0}}{\Pi + 1}\right] \qquad (A.1.24)$$

Modèle annulaire

Dans cette modélisation, on considère que les pores du joint constituent plusieurs plaques annulaires et parallèles, ce qui fait que la théorie suivie dans cette modélisation est celle de l'écoulement radial entre deux plaques annulaires et parallèles.

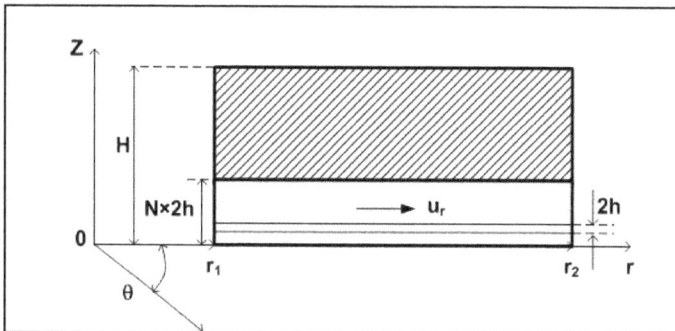

Figure A I-2 Modèle annulaire

La solution de l'équation de continuité (A.1.4) dans laquelle la vitesse est purement radiale est :

$$\frac{\partial(ru_r)}{\partial r} = 0 \qquad\qquad (A.1.25)$$

Donc : ru_r= constant en fonction de z, parce que u_r varie selon z : ($u_r = \frac{f(z)}{r}$)

$$\vec{V} = \frac{f(z)}{r}\vec{r} \qquad\qquad (A.1.26)$$

En utilisant la solution (A.1.26), avec la composante z de l'équation de quantité de mouvement de Navier Stokes (A.1.2) :

$$\frac{\partial(\rho u_r)}{\partial t} + \frac{\partial(\rho u_z u_r)}{\partial z} + \frac{1}{r}\frac{\partial(\rho.r.u_r.u_r)}{\partial r} - \frac{\partial}{\partial z}\left(\mu\frac{\partial u_r}{\partial z}\right) - \frac{1}{r}\frac{\partial}{\partial r}\left(r\mu\frac{\partial u_r}{\partial r}\right) =$$
$$-\frac{\partial}{\partial r}\left(p + \frac{2}{3}\mu\nabla.V\right) + \frac{\partial}{\partial z}\left(\mu\frac{\partial u_z}{\partial r}\right) + \frac{1}{r}\frac{\partial}{\partial r}\left(r\mu\frac{\partial u_r}{\partial r}\right) - \frac{2\mu u_r}{r^2} \qquad (A.1.27)$$

En considérant un régime permanant, l'effet d'inertie négligé et que la vitesse varie uniquement selon l'axe z :

$$-\frac{\partial}{\partial z}\left(\mu\frac{\partial u_r}{\partial z}\right)=-\frac{\partial p}{\partial r}$$

$$\frac{d}{dz}\left(\frac{du_r}{dz}\right)=\frac{1}{\mu}\frac{dp}{dr}$$

$$\frac{du_r}{dz}=\frac{1}{r}\frac{df(z)}{dz} \qquad\text{(A.1.28)}$$

$$\frac{d}{dz}\left(\frac{du_r}{dz}\right)=\frac{1}{r}\frac{d^2f(z)}{dz^2}$$

$$\frac{1}{r}\frac{d^2f(z)}{dz^2}=\frac{1}{\mu}\frac{dp}{dr}=cons\tan t$$

D'après l'équation (A.1.28) :

$$\Rightarrow \frac{df(z)}{dz}=\frac{r}{\mu}\frac{dp}{dr}(z+a)$$

$$\Rightarrow f(z)=\frac{r}{\mu}\frac{dp}{dr}\left(\frac{z^2}{2}+a.z+b\right) \qquad\text{(A.1.29)}$$

Les conditions aux limites du premier ordre pour un écoulement isotherme établi entre deux plaques annulaires et parallèles sans déplacement de la paroi sont les suivantes :

$$u_r\big|_{z=h}=-\frac{2-\sigma}{\sigma}\lambda\frac{\partial u_r}{\partial z}\bigg|_{z=h}$$

$$\frac{\partial u_r}{\partial z}\bigg|_{z=0}=0 \qquad\text{(A.1.30)}$$

En utilisant les conditions aux limites (A.1.30), la solution générale pour l'équation (A.1.29) est :

$$u_r = \frac{1}{\mu}\frac{dp}{dr}\left(\frac{z^2}{2} - \frac{h^2}{2} - \frac{2-\sigma}{\sigma}\lambda h\right)$$

(A.1.31)

Pour trouver le débit massique, on commence par la détermination de la vitesse dans le centre, lorsque l'effet de la raréfaction n'est pas considéré $(K_n \approx 0)$:

$$u_{r_0} = u_r\big|_{z=0,Kn=0} = -\frac{h^2}{2\mu}\frac{dp}{dr}$$

(A.1.32)

Donc la vitesse adimensionnelle est :

$$u_r^* = \frac{u_r}{u_{r_0}} = \left(-\frac{z^2}{h^2} + 1 + 2\frac{2-\sigma}{\sigma}\frac{\lambda}{h}\right) = -z^{*2} + 1 + 4\frac{2-\sigma}{\sigma}K_{n}$$

(A.1.33)

Avec :

$$z^* = \frac{z}{h},$$

$$u_r^* = \frac{u_r}{u_{r_0}},$$

$$K_{n} = \frac{\lambda}{2h}$$

(A.1.34)

La vitesse moyenne adimensionnelle est :

$$\overline{u}_r^* = \frac{1}{2}\int_{-1}^{1} u_r^* dz^*$$

$$= \frac{1}{2}\int_{-1}^{1}\left(1 - z^{*2} + 4\frac{2-\sigma}{\sigma}K_{n}\right)dz^* = \frac{1}{2}\left[z^* - \frac{z^{*3}}{3} + 4\frac{2-\sigma}{\sigma}K_{n}z^*\right]_{-1}^{1} \qquad (A.1.35)$$

$$= \frac{2}{3} + 4\frac{2-\sigma}{\sigma}K_{n}$$

Avec (A.1.32) et (A.1.35) on aura :

$$\overline{u}_r = u_{n_0}\left(\frac{2}{3} + 4\frac{2-\sigma}{\sigma}K_{n}\right) = \frac{-h^2}{2\mu}\frac{dp}{dr}\left(\frac{2}{3} + 4\frac{2-\sigma}{\sigma}K_{n}\right) \qquad (A.1.36)$$

Le débit massique est donné par la formule suivante :

$$m_{NS1,annul} = \rho\overline{u}_r A = \frac{p.\overline{u}_r.A}{\mathrm{Re}\,T} \qquad (A.1.37)$$

Après l'utilisation de la loi des gaz parfaits ($\rho = P/RT$) et en utilisant la relation ($K_n.P = K_{n0}.P$) pour un écoulement isotherme :

$$-\frac{m_{NS1,annul}\times\mathrm{Re}\times T\times 2\times\mu}{A\times h^2} = \left(\frac{2}{3}p + 8\frac{2-\sigma}{\sigma}K_n\times p\right)\frac{dp}{dr}$$

$$-\frac{m_{NS1,annul}\times\mathrm{Re}\times T\times 2\times\mu}{A\times h^2} = \left(\frac{2}{3}p + 8\frac{2-\sigma}{\sigma}K_{n_0}\times p_0\right)\frac{dp}{dr} \qquad (A.1.38)$$

$$-\frac{m_{NS1,annul}\times\mathrm{Re}\times T\times 2\times\mu}{4\pi r\times h^3} = \left(\frac{2}{3}p + 8\frac{2-\sigma}{\sigma}K_{n_0}\times p_0\right)\frac{dp}{dr}$$

$$\text{avec } A = 4\pi r h$$

$$\Rightarrow \int_{r_i}^{r_e} \frac{dr}{r} = -\frac{2\pi h^3}{\dot{m}_{NS1,annul} \mathrm{Re} T\mu}\left(\int_{p_i}^{p_0}\frac{2}{3}p\times dp + \int_{p_i}^{p_0} dp\times 8\frac{2-\sigma}{\sigma}K_{n_0}\times p_0\right) \quad (A.1.39)$$

$$\ln\frac{r_e}{r_i} = -\frac{2\pi h^3}{\dot{m}_{NS1,annul} \mathrm{Re} T\mu}\left[\frac{2}{3}\left(\frac{p^2}{2}\right)_{p_i}^{p_0} + 8\frac{2-\sigma}{\sigma}K_{n_0}\times p_0(p)_{p_i}^{p_0}\right]$$

$$\ln\frac{r_e}{r_i} = -\frac{2\pi h^3 p_0^2}{3\dot{m}_{NS1,annul}\mathrm{Re} T\mu}\left[\left(1-\Pi^2\right)+24\frac{2-\sigma}{\sigma}K_{n_0}\left(1-\Pi\right)\right] \quad (A.1.40)$$

avec $\Pi = \dfrac{p_i}{p_0}$

Lorsque le modèle d'écoulement de glissement est du premier ordre, le débit massique d'un gaz à travers deux plaques annulaires et parallèles est donné par l'équation suivante :

$$\dot{m}_{NS1,annul} = \overline{\rho u_r}A = \frac{2\pi h^3 p_0^2\left(\Pi^2-1\right)}{3\mu\mathrm{Re} T\ln\frac{r_e}{r_i}}\left[1+24\frac{2-\sigma}{\sigma}K_{n_0}\frac{1}{\left(\Pi+1\right)}\right] \quad (A.1.41)$$

Et puisque le joint est constitué de plusieurs plaques annulaires et parallèles, l'équation (A.1.41) devient :

$$\dot{m}_{NS1,annul} = \frac{2N\pi h^3 p_0^2\left(\Pi^2-1\right)}{3\mu\mathrm{Re} T\ln\frac{r_e}{r_i}}\left[1+24\frac{2-\sigma}{\sigma}K_{n_0}\frac{1}{\left(\Pi+1\right)}\right] \quad (A.1.42)$$

Fuite liquide

Modèle capillaire

Dans les microcanaux, les conditions aux limites de glissement pour un fluide liquide sont :

$$r = \frac{d}{2}, u_z = -L_s \times \dot{\gamma}_W = -L_s \left(\frac{\partial u_z}{\partial r} \right)_W ;$$

$$r = 0, \frac{\partial u_z}{\partial r} = 0,$$

(A.1.43)

Où L_s est la longueur de glissement en nm, et $\dot{\gamma}_W$ est le taux de cisaillement à la paroi.

En utilisant l'équation (A.1.12) avec les conditions aux limites :

$$-L_s \frac{du_z}{dr}\bigg|_{r=R} = \frac{1}{\mu} \frac{dp}{dz} \left(\frac{R^2}{4} + c_2 \right)$$

$$\frac{du_z}{dr}\bigg|_{r=R} = \frac{1}{\mu} \frac{dp}{dz} \left(\frac{R}{2} \right)$$

(A.1.44)

Nous trouvons :

$$c_2 = -L_s \frac{R}{2} - \frac{R^2}{4}$$

(A.1.45)

Donc la distribution de la vitesse dans le micro tube est donnée par la formule suivante :

$$u_z = \frac{1}{\mu}\frac{dp}{dz}\left(\frac{r^2}{4} - \frac{R^2}{4} - L_s\frac{R}{2}\right)$$

(A.1.46)

Le débit volumique est donné par la relation suivante :

$$
\begin{aligned}
Q &= \int_0^{2\pi}\int_0^R u_z.r.d\theta.dr \\
&= \int_0^{2\pi}\int_0^R \frac{1}{\mu}\frac{dp}{dz}\left(\frac{r^2}{4} - \frac{R^2}{4} - L_s\frac{R}{2}\right).r.d\theta.dr \\
&= -\frac{1}{\mu}\frac{dp}{dz}2\pi\left(\frac{R^4}{16} + L_s\frac{R^3}{4}\right) \\
Q &= \frac{\pi R^4}{8\mu L}(P_{in} - P_{out}) + \frac{RL_s}{2\mu L}\pi R^2(P_{in} - P_{out})
\end{aligned}
$$

(A.1.47)

Et le débit massique pour N nombre de capillaire qui construit le réseau poreux du joint d'étanchéité est donné par la formule suivante :

$$\overset{\bullet}{m}_{liquide} = \frac{\pi\rho N R^4}{8\mu L}\left(1 + \frac{4L_s}{R}\right)(P_{in} - P_{out})$$

(A.1.48)

Modèle annulaire

Dans le cas simple d'un écoulement isotherme et non déplacement de la paroi établi entre deux plaques annulaires et parallèles, les conditions aux limites du premier ordre pour un écoulement liquide sont:

$$u_r\big|_{z=h} = -L_S \frac{\partial u_r}{\partial z}\bigg|_{z=h}$$

$$\frac{\partial u_r}{\partial z}\bigg|_{z=0} = 0 \qquad\qquad (A.1.49)$$

En utilisant ces conditions aux limites et avec l'équation (A.1.29), la distribution de la vitesse entre deux plaques annulaires et parallèles est donnée par la formule suivante :

$$u_r = \frac{1}{\mu}\frac{dp}{dr}\left(\frac{z^2}{2} - \frac{h^2}{2} - L_S h\right) \qquad\qquad (A.1.50)$$

Le débit volumique peut être calculé de la façon suivante :

$$
\begin{aligned}
\dot{Q}_{NS1,annul} &= \int_\theta \int_z u_r \times r \times d\theta dz \\
&= 2\int_0^h \int_0^{2\pi} \frac{1}{\mu}\frac{dp}{dr}\left(\frac{z^2}{2} - L_S h - \frac{h^2}{2}\right) r\, d\theta dz \\
&= 4\pi r \cdot \frac{1}{\mu}\frac{dp}{dr}\left[\frac{h^3}{6} - L_S h^2 - \frac{h^3}{2}\right] \\
&= -4\pi r \cdot \frac{1}{\mu}\frac{dp}{dr}\frac{h^3}{3}\left[1 + 3\frac{L_S}{h}\right] \\
&= \frac{4\pi h^3 (p_0 - p_i)}{3\mu \ln\dfrac{r_e}{r_i}}\left[1 + 3\frac{L_S}{h}\right]
\end{aligned}
\qquad (A.1.51)
$$

Donc pour plusieurs plaques annulaires et parallèles, on aura :

$$\dot{Q}_{NS1,annul} = \frac{N 4\pi h^3 (p_0 - p_i)}{3\mu \ln\dfrac{r_e}{r_i}}\left[1 + 3\frac{L_S}{h}\right] \qquad (A.1.52)$$

ANNEXE II

INTERFACES DU PROGRAMME LABVIEW : BANC D'ESSAI ROTT ET UGR

Dans ce qui suit, les différentes étapes nécessaires pour mesurer les fuites en utilisant l'interface du programme Labview seront représentées.

Dans la première étape, l'utilisateur est invité à faire entrer les dimensions géométriques du joint et si besoin de choisir un programme de test déjà établi.

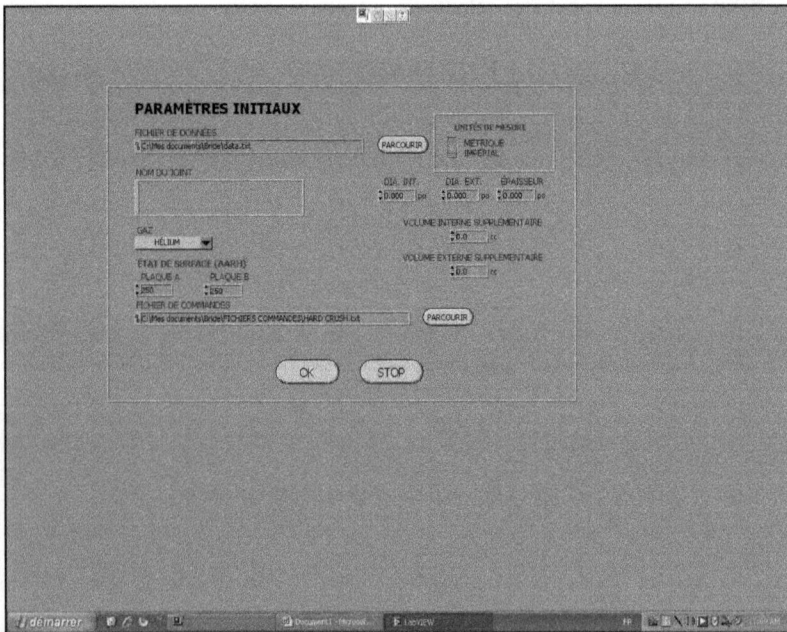

Figure A II-1 Début du programme

178

Dans cette étape, l'utilisateur doit vérifier les différents voltages pour les instruments utilisés, afin de s'assurer de leurs bons fonctionnements.

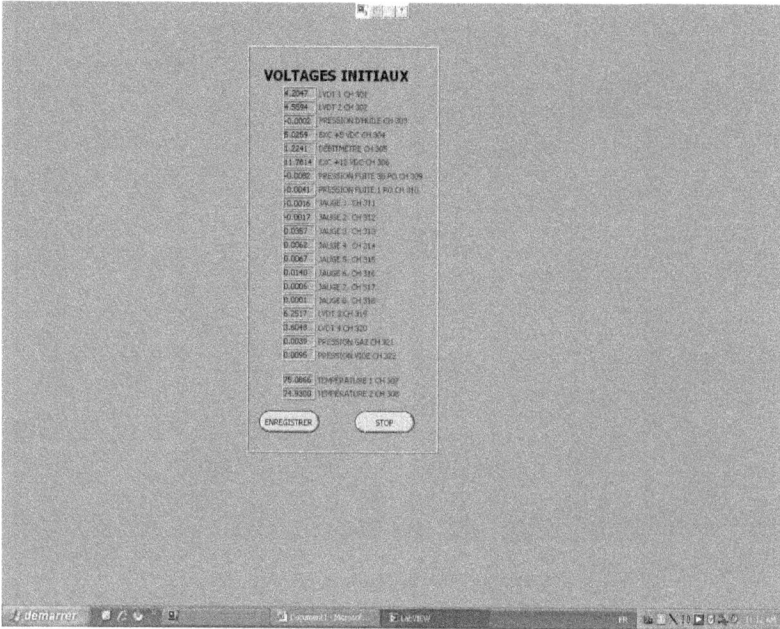

Figure A II-2 Début du programme

Pour l'ajustement des LVDT et pour compenser la perte de la charge causée par le fluage du joint, à cette étape l'utilisateur doit assigner un niveau de contrainte sur le joint, ce niveau est de l'ordre de 150 psi.

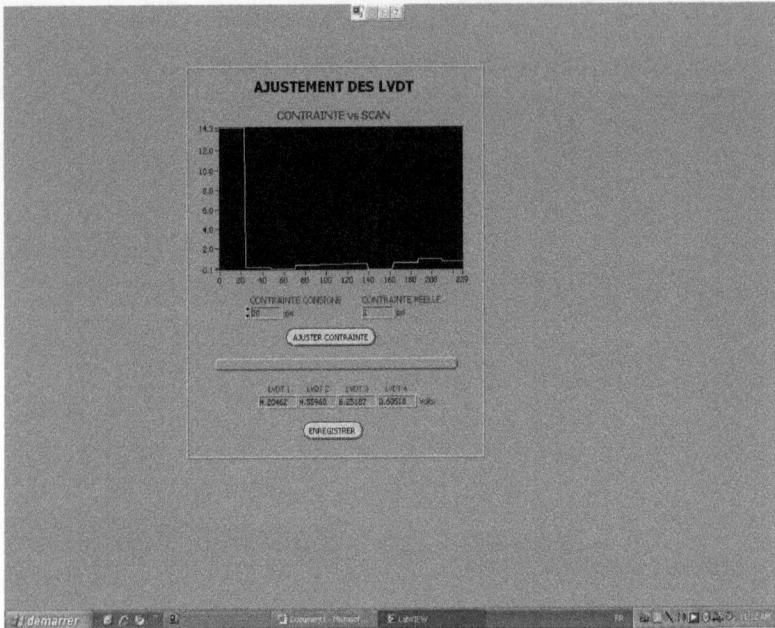

Figure A II-3 Compensation du fluage du joint

En plus de l'affichage des différents paramètres mis en jeux durant le processus de mesure de la fuite, dans cette étape, l'utilisateur possède plusieurs sous menus, qui lui permettent de choisir le mode de mesure de fuite, la pression du fluide et la contrainte sur le joint. À cette étape, l'interface du programme LabView propose plusieurs sous menu.

Sous menu 1

Via ce sous menu, l'utilisateur peut choisir et ajuster le niveau de la pression du gaz et le niveau de la contrainte appliqués sur le joint.

La nature et le type de mesure de fuite. Il y a une mesure de fuite manuelle et automatique. Avec la première façon, les différents modes de mesure de fuites sont proposés à l'utilisateur (mesure de fuite par débit mètre, chute de pression, montés de pression et spectromètre de masse) avec la possibilité de choisir le temps de la mesure. Cependant, pour la deuxième façon, le passage d'un mode vers un autre se passe d'une façon automatique et même le temps accordé à chaque mode est déjà pré-établi dans le programme LabView.

Sous menu 2

À travers le sous menu 2, l'utilisateur peut choisir le type d'affichage des résultats. Il y a un graphique qui donne l'évolution de la fuite en fonction du niveau de la pression et du temps, un graphe de la contrainte en fonction de l'écrasement axial du joint et un tableau qui résume tout les paramètres et modes de mesure de fuite, sont afficher comme suit.

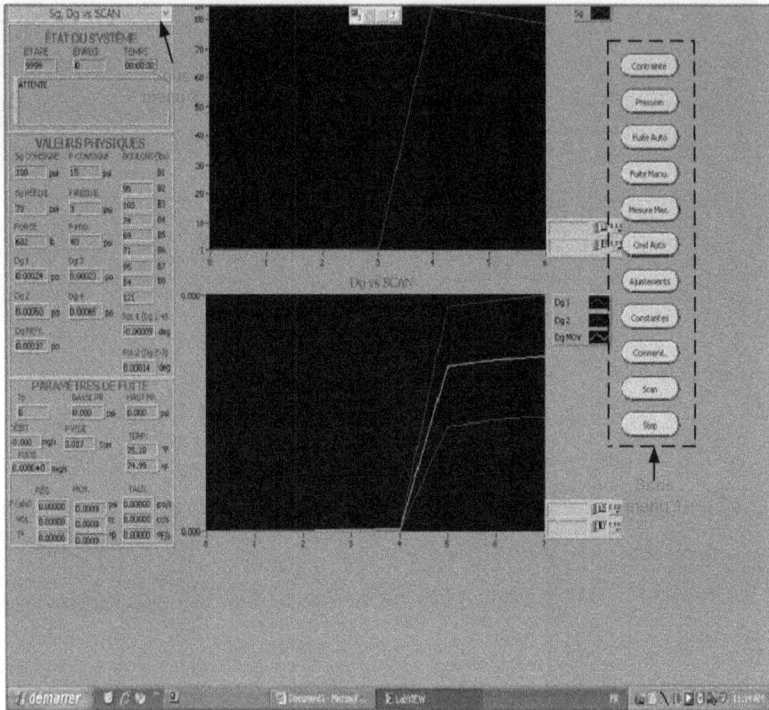

Figure A II-4 Paramètres, mode de mesure de fuite et affichage des résultats

Ces mêmes fenêtres sont retrouvées également dans le programme UGR avec quelques subtilités. La principale particularité de l'interface du programme UGR est celle de changements des constantes de calibration.

182

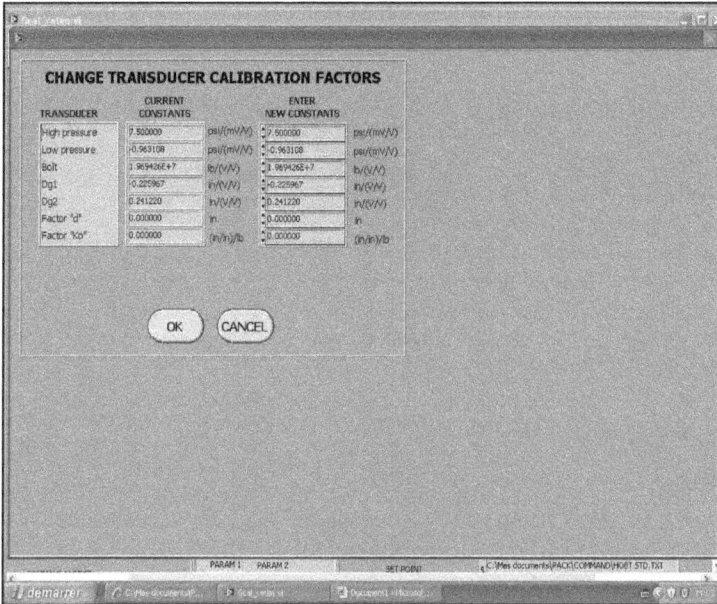

Figure A II-5 Changement des constantes de calibration

183

BIBLIOGRAPHIE

Abid, M., et B. Ullah. 2007. « Three-dimensional nonlinear finite-element analysis of gasketed flange joint under combined internal pressure and variable temperatures ». *Journal of engineering mechanics,* vol. 133, p. 222.

Abid, Muhammad. 2006. « Determination of safe operating conditions for gasketed flange joint under combined internal pressure and temperature: A finite element approach ». *International Journal of Pressure Vessels and Piping,* vol. 83, n° 6, p. 433-441.

Albertoni, S., C. Cercignani et L. Gotusso. 2004. « Numerical Evaluation of the Slip Coefficient ». *Physics of Fluids,* vol. 6, p. 993.

Araki, T., M. S. Kim, H. Iwai et K. Suzuki. 2002. « An experimental investigation of gaseous flow characteristics in microchannels ». *Nanoscale and Microscale Thermophysical Engineering,* vol. 6, n° 2, p. 117-130.

Arghavani, J., M. Derenne et L. Marchand. 2001. « Fuzzy logic application in gasket selection and sealing performance ». *International Journal of Advanced Manufacturing Technology,* vol. 18, n° 1, p. 67-78.

Arghavani, J., M. Derenne et L. Marchand. 2002. « Prediction of gasket leakage rate and sealing performance through fuzzy logic ». *International Journal of Advanced Manufacturing Technology,* vol. 20, n° 8, p. 612-620.

Arghavani, J., M. Derenne et L. Marchand. 2003. « Effect of surface characteristics on compressive stress and leakage rate in gasketed flanged joints ». *The International Journal of Advanced Manufacturing Technology,* vol. 21, n° 10, p. 713-732.

Arkilic, Errol B. 1994. « Gaseous flow in micron-sized channels ». Massachusetts Institute of Technology. < http://hdl.handle.net/1721.1/12321 >.

Asahina, M., T. Nishida et Y. Yamanaka. 1998. « Estimation of sealability with compressed fibers sheet gaskets for liquid and gas fluid ». In., p. 25. American Society of Mechanical Engineers.

Barber, Robert W., et David R. Emerson. 2006. « Challenges in Modeling Gas-Phase Flow in Microchannels: From Slip to Transition ». *Heat Transfer Engineering,* vol. 27, n° 4, p. 3 - 12.

Bartonicek, J., M. Schaaf et F. Schoeckle. 2002. « On the Effect of Temperature on Tightening Characteristics of Gaskets ». In *Analysis of Bolted Joints* (Vancouver, BC, Canada 5–9 Aout 2002), p. 35-43 Coll. « American Society of Mechanical Engineers, Pressure Vessels and Piping Division (Publication) PVP »: ASME, New York, NY, USA.

Batista, Pierre Philippe, Luc Marchand et Michel Derenne. 1995. « Proposed model for predicting leakage through porous gaskets ». In. (Honolulu, HI, USA) Vol. 305, p. 97-107. Coll. « American Society of Mechanical Engineers, Pressure Vessels and Piping Division (Publication) PVP »: ASME, New York, NY, USA.

Bazergui, A., et G. Louis. 1987. « Predicting Leakage for Various Gases in Gasketed Joints ». *1987 Spring Conference, Society of Experimental Mechanics, June*, p. 15-19.

Bazergui, A., et G. Louis. 1988. « Tests with various gases in gasketed joints ». *Experimental Techniques,* vol. 12, n° 11, p. 17-21.

Bazergui, A., et L. Marchand. 1984. *PVRC Milestone gasket tests - first results*. Coll. « Welding Research Council Bulletin », Bulletin 292, 36 p.

Bazergui, A., et L. Marchand. 1988. « Development of tightness test procedures for gaskets in elevated temperature service ». *Bull. ser./Welding research council*.

Bejan, Adrian. 2004. *Convection heat transfer*, 3rd. Hoboken, N.J.: Wiley, xxxi, 694 p.

Bergoglio, M., A. Calcatelli et G. Rumiano. 1995. « Gas flowrate measurements for leak calibration ». *Vacuum,* vol. 46, n° 8-10, p. 763-765.

Beskok, Ali, et George Em Karniadakis. 1999. « Report : A model for flows in channels, pipes, and ducts at micro and nano scales ». *Nanoscale and Microscale Thermophysical Engineering,* vol. 3, n° 1, p. 43 - 77.

Bottiglione, F., G. Carbone et G. Mantriota. 2009. « Fluid leakage in seals: An approach based on percolation theory ». *Tribology International,* vol. 42, n° 5, p. 731-737.

Bouzid, A. . 1994. « Analysis of Bolted flanged gasketed Joints ». Thèse de doctorat, École polytechnique de Montréal.

Bouzid, A., et A. Chaaban. 1997. « An accurate method of evaluating relaxation in bolted flanged connections ». *Journal of pressure vessel technology,* vol. 119, p. 10.

Bouzid, A. H., et H. Champliaud. 2004. « Contact stress evaluation of nonlinear gaskets using dual kriging interpolation ». *Journal of pressure vessel technology,* vol. 126, n° 4, p. 445-450.

Bouzid, A. H., et A. Nechache. 2005a. « An analytical solution for evaluating gasket stress change in bolted flange connections subjected to high temperature loading ». *Journal of pressure vessel technology,* vol. 127, p. 414.

Bouzid, A. H., et A. Nechache. 2005b. « Thermally induced deflections in bolted flanged connections ». *Journal of pressure vessel technology,* vol. 127, p. 394.

Brown, W., M. Derenne et A. H. Bouzid. 2002. « Determination of gasket stress levels during thermal transients ». In. ASME.

Brown, W., et D. Reeves. 2001. « Failure of Heat Exchanger Gaskets due to Differential Radial Expansion of the Mating Flanges ». *ASME-PUBLICATIONS-PVP,* vol. 416, p. 119-122.

186

Cazauran, X., Y. Birembaut, R. Hahn, H. Kockelmann et S. Moritz. 2009. « Gas Leakage Correlation ». In *Pressure Vessels and Piping*. (Prague, Czech Republic), p. 7. ASME.

CETIM. 1998. « Directives concernant une utilisation sûre des joints d'étanchéité - Brides et joints - partie 1 ». En ligne. ESA/ FSA. < http://www.europeansealing.com/uploads/resources/publications/ESA-FSAGuide-Brides-et-Joints-009_98_F.pdf >. Consulté le 1 octobre 2011.

Chen, C. S. 2000. « Gas flow in micro-channels using a boundary-layer approach ». *International Journal of Computer Applications in Technology*, vol. 13, n° 6, p. 316-323.

Choi, C. H., K. J. A. Westin et K. S. Breuer. 2002. « To slip or not to slip-water flows in hydrophilic and hydrophobic microchannels ». In. Vol. 33707, p. 13–16.

CNRS. « Les joints pour le vide ». < http://www.in2p3.fr/actions/formation/Materiaux08/JointsVide.pdf >. Consulté le octobre 2011.

Colin, S., M. Anduze, P. Lalonde, R. Caen et L. Baldas. 2003. « Analyse d'écoulements liquides ou gazeux en micro-conduites: découplage des incertitudes expérimentales ». *HOUILLE BLANCHE*, p. 104-110.

Colin, Stephane, et Lucien Baldas. 2004. « Effets de raréfaction dans les micro-ecoulements gazeux ». *Comptes Rendus Physique,* vol. 5, n° 5, p. 521-530.

Cui, H, Z Silber-Li et S Zhu. 2004. « Flow characteristics of liquids in microtubes driven by a high pressure ». *Physics of Fluids,* vol. 16, p. 1803.

Derenne, M., L. Marchand, A. Bouzid et J. R. Payne. 2000. « Long Term Elevated Temperature Performance of Reinforced Flexible Graphite Sheet Gaskets ». In. Vol. 2, p. 229-247.

Derenne, M., J. R. Payne, A. Bouzid et L. Marchand. 1998. « Proposed modifications to Draft No. 9 of the standard test method for gasket constants for bolted joint design ». *Technical Symposium of the Fluid Sealing Association, Nashville, TN.*

ESA. 2011. En ligne. EUROPEAN SEALING ASSOCIATION. < http://www.europeansealing.com/francais-groupes-de-travail >. Consulté le 1 Octobre 2011.

Estrada, H., et I. D. Parsons. 1999. « Strength and leakage finite element analysis of a GFRP flange joint ». *International Journal of Pressure Vessels and Piping,* vol. 76, n° 8, p. 543-550.

Ewart, T., P. Perrier, I. A. Graur et J. G. MÉOlans. 2007. « Mass flow rate measurements in a microchannel, from hydrodynamic to near free molecular regimes ». *Journal of Fluid Mechanics,* vol. 584, p. 337-356.

Ewart, Timothee, Pierre Perrier, Irina Graur et J. Gilbert Meolans. 2006. « Mass flow rate measurements in gas micro flows ». *Experiments in Fluids,* vol. 41, n° 3, p. 487-498.

Gad-el-Hak, M. 1999. « The fluid mechanics of microdevices-The Freeman scholar lecture ». *Transaction-American Society of Mechanical Engineers Journal of Fluids Engineering,* vol. 121, p. 5-33.

Geoffroy, S., et M. Prat. 2004. « On the Leak Through a Spiral-Groove Metallic Static Ring Gasket ». *Journal of Fluids Engineering,* vol. 126, n° 1, p. 48-54.

Grine, L., et H. Bouzid. 2009. « Correlation of gaseous mass leak rates through micro and nano-porous gaskets ». In *ASME Pressure Vessels and Piping Division Conference.* (Prague, Czech Republic, July 26-30, 2009). PVP2009.

Grine, L., et H. Bouzid. 2010. « Liquid leak predictions in micro and nano-porous gaskets ». In *ASME Pressure Vessels and Piping Division Conference.* (Bellevue, Washington, USA, July 18-22, 2010). PVP2010.

Grine, Lotfi, et Abdel-Hakim Bouzid. 2011a. « Correlation of gaseous mass leak rates through micro- and nanoporous gaskets ». *Journal of Pressure Vessel Technology, Transactions of the ASME,* vol. 133, n° 2.

Grine, Lotfi, et Abdel-Hakim Bouzid. 2011b. « Liquid leak predictions in micro- and nanoporous gaskets ». *Journal of Pressure Vessel Technology, Transactions of the ASME,* vol. 133, n° 5.

Gu, Boqin, Ye Chen et Dasheng Zhu. 2007. « Prediction of leakage rates through sealing connections with nonmetallic gaskets ». *Chinese Journal of Chemical Engineering,* vol. 15, n° 6, p. 837-841.

Guo, Qiang, Rui Cheng et Zhan-hua Silber-Li. 2007. « Influence of capillarity on nano-liter flowrate measuremet with displacemet method ». *Journal of Hydrodynamics, Ser. B,* vol. 19, n° 5, p. 594-600.

Guo, Z. Y., et X. B. Wu. 1998. « Further stydy on compressibility effects on the gas flow and heat transfer in a microtube ». *Nanoscale and Microscale Thermophysical Engineering,* vol. 2, n° 2, p. 111-120.

Hadjaj, A., et A. Chinnayya 2010. « Simulation numérique des écoulements de gaz dans les micro-systèmes énergétiques ». En ligne. Saint Etienne du Rouvray: Laboratoire de Mécanique des Fluides Numériques-LMFN-CORIA CNRS UMR 6614- INSA de Rouen. Consulté le octobre 2009.

Harley, J. C., Y. Huang, H. H. Bau et J. N. Zemel. 2006. « Gas flow in micro-channels ». *Journal of Fluid Mechanics Digital Archive,* vol. 284, p. 257-274.

Hellström, J. G. I., et T. S. Lundström. 2006. « Flow through porous media at moderate Reynolds number ». In *International Scientific Colloquium.* (Riga), p. 129-134.

Hsieh, S. S., C. Y. Lin, C. F. Huang et H. H. Tsai. 2004. « Liquid flow in a micro-channel ». *Journal of Micromechanics and Microengineering,* vol. 14, n° 4, p. 436-445.

Huang, James, et Walter Lee. 2001a. « Sealing and mechanical behaviors of expanded PTFE gasket sheets characterized by PVRC room temperature tightness tests ». *Materials Chemistry and Physics,* vol. 68, n° 1-3, p. 180-196.

Huang, James, et Yuan-Haun Lee. 2001b. « Evaluation of uni-axially expanded PTFE as a gasket material for fluid sealing applications ». *Materials Chemistry and Physics,* vol. 70, n° 2, p. 197-207.

Hydratight. 2011. En ligne. < http://www.hydratight.com/fr/services/joint-integrity-management-solutions >. Consulté le Octobre 2011.

Jia, Y., Y. Li et D. Hlavka. 2009. « Flow through packed beds ». p. 23.

Jiang, X. N., Z. Y. Zhou, J. Yao, Y. Li et X. Y. Ye. 1995. « Micro-fluid Flow In Microchannel ». *Solid-State Sensors and Actuators, 1995 and Eurosensors IX. Transducers' 95. The 8th International Conference on,* vol. 2.

Jolly, Pascal, et Luc Marchand. 2006. « Leakage predictions for static gasket based on the porous media theory ». In. (Vancouver, BC, Canada) Vol. 2006, p. 8. Coll. « American Society of Mechanical Engineers, Pressure Vessels and Piping Division (Publication) PVP »: American Society of Mechanical Engineers, New York, NY 10016-5990, United States.

Judy, J., D. Maynes et B. W. Webb. 2002. « Characterization of frictional pressure drop for liquid flows through microchannels ». *International Journal of Heat and Mass Transfer,* vol. 45, n° 17, p. 3477-3489.

Junemo, Koo, et C. Kleinstreuer. 2003. « Liquid flow in microchannels: experimental observations and computational analyses of microfluidics effects ». *Journal of Micromechanics and Microengineering,* vol. 13, n° 5, p. 568-79.

Kandlikar, S. G. 2006. *Heat Transfer and Fluid Flow in Minichannels and Microchannels.* Elsevier.

Karniadakis, G., A. Beskk et N. R. Aluru. 2005. *Microflows and nanoflows: fundamentals and simulation.* Springer.

Kobayashi, Takashi, Takahito Nishida et Yuki Yamanaka. 2001. « Mathematical model for sealing behavior of gaskets based on compressive strain ». In. (Atlanta, GA, United States) Vol. 416, p. 105-109. Coll. « American Society of Mechanical Engineers, Pressure Vessels and Piping Division (Publication) PVP »: American Society of Mechanical Engineers, New York, NY 10016-5990, United States.

Kogan, M. N., et M. Naumovich. 1969. *Rarefied Gas Dynamics*. Plenum Press.

Koo, J., et C. Kleinstreuer. 2003. « Liquid flow in microchannels: experimental observations and computational analyses of microfluidics effects ». *Journal of Micromechanics and Microengineering,* vol. 13, n° 5, p. 568-579.

Li, Xinxin, Wing Yin Lee, Man Wong et Yitshak Zohar. 2000. « Gas flow in constriction microdevices ». *Sensors and Actuators A: Physical,* vol. 83, n° 1-3, p. 277-283.

Marchand, L. 1991. « Effet de vieillissement à haute température sur le comportement des joints d'étanchéité des brides boulonnées ». Thèse de doctorat, École polytechnique. de Montréal, Consulté le 5 Avril 2011.

Marchand, L., M. Derenne, V. Masi et E. P. de Montreal. 2005. « Predicting gasket leak rates using a laminar-molecular flow model ». *Proceedings of the Asme Pressure Vessels and Piping Conference--2005: Presented at 2005 ASME Pressure Vessels and Piping Conference: July 17-21, 2005, Denver, Colorado, USA.*

Marchand, Luc, Michel Derenne et Vincent Masi. 2005. « Predicting gasket leak rates using a laminar-molecular flow model ». In. (Denver, CO, United States) Vol. 2, p. 87-96. Coll. « American Society of Mechanical Engineers, Pressure Vessels and Piping Division (Publication) PVP »: American Society of Mechanical Engineers, New York, NY 10016-5990, United States.

Martin, J. 1985. « Etanchéité en mécanique ». *Techniques de l'ingénieur. Génie mécanique*, n° B 5420, p. 5420-5420.

Masi, Vincent. 1998. « Corrélation entre les fuites de différents gaz au travers de joints d'étanchéité a partir de l'étude des écoulements gazeux ». M.Sc.A. Canada, Ecole Polytechnique, Montreal (Canada).

Masi, Vincent, Abdel-Hakim Bouzid et Michel Derenne. 1998. « Correlation between gases and mass leak rate of gasketing materials ». In. (San Diego, CA, USA) Vol. 367, p. 17-24. Coll. « American Society of

Mechanical Engineers, Pressure Vessels and Piping Division (Publication) PVP »: ASME, Fairfield, NJ, USA.

Mathan, G., et N. S. Prasad. 2008. « A study on the sealing performance of flange joints with gaskets under external bending using finite-element analysis ». *Proceedings of the Institution of Mechanical Engineers, Part E: Journal of Process Mechanical Engineering,* vol. 222, n° 1, p. 21.

Maurer, J., P. Tabeling, P. Joseph et H. Willaime. 2003. « Second-order slip laws in microchannels for helium and nitrogen ». *Physics of Fluids,* vol. 15, p. 2613.

Méolans, J. G., I. A. Graur, P. Perrier, D. E. Zeitoun, K. Aguir et M. Bendahan. 2006. « Ecoulements gazeux isothermes dans les microcanaux: Profils des grandeurs physiques et débits de masse ». *Houille blanche(Grenoble).*

Miguel, A. F., et A. Serrenho. 2007. « On the experimental evaluation of permeability in porous media using a gas flow method ». *Journal of Physics D: Applied Physics,* vol. 40, p. 6824.

Mohiuddin Mala, Gh, et Dongqing Li. 1999. « Flow characteristics of water in microtubes ». *International Journal of Heat and Fluid Flow,* vol. 20, n° 2, p. 142-148.

Murali Krishna, M., M. S. Shunmugam et N. Siva Prasad. 2007. « A study on the sealing performance of bolted flange joints with gaskets using finite element analysis ». *International Journal of Pressure Vessels and Piping,* vol. 84, n° 6, p. 349-357.

Nechache, A., et A. H. Bouzid. 2007. « Creep analysis of bolted flange joints ». *International Journal of Pressure Vessels and Piping,* vol. 84, n° 3, p. 185-194.

Nechache, A., et A. H. Bouzid. 2008. « On the use of plate theory to evaluate the load relaxation in bolted flanged joints subjected to creep ». *International Journal of Pressure Vessels and Piping,* vol. 85, n° 7, p. 486-497.

Papautsky, Ian, John Brazzle, Timothy Ameel et A. Bruno Frazier. 1999. « Laminar fluid behavior in microchannels using micropolar fluid theory ». *Sensors and Actuators A: Physical,* vol. 73, n° 1-2, p. 101-108.

Payne, J. R., R. T. Mueller et A. Bazergui. 1989. « A gasket qualification test scheme for petrochemical plants; part II: quality criteria and evaluation schemes ». In. Vol. 158, p. 69. American Society of Mechanical Engineers.

Pfahler, J., J. Harley, H. Bau et J. Zemel. 1989. « Liquid transport in micron and submicron channels ». *Sensors and Actuators A: Physical,* vol. 22, n° 1-3, p. 431-434.

Porodnov, B. T., V. D. Akin'shin, V. I. Kichaev, S. F. Borisov et P. E. Suetin. 1974. « Flow of low-density gases in a capillary grid ». *Soviet Physics, Technical Physics (English translation of Zhurnal Tekhnicheskoi Fiziki),* vol. 19, n° 4, p. 515-518.

Sawa, Toshiyuki, et Wataru Maezaki. 2004. « Thermal Stress Analysis and Sealing Performance Evaluation of Pipe Flange Connections With Spiral Wound Gaskets Under Elevated Temperature ». *ASME Conference Proceedings,* vol. 2004, n° 46733, p. 61-66.

Sawa, Toshiyuki, Yoshio Takagi et Hiroyasu Torii. 2007. « Sealing Performance Evaluation of Pipe Flange Connection Under Elevated Temperatures ». *ASME Conference Proceedings,* vol. 2007, n° 42800, p. 191-199.

Scheidegger, A. E. 1974. « Physics of flow through porous media ». *Toronto.*

Sharipov, F., et J. L. Strapasson. 2012. « Direct simulation Monte Carlo method for an arbitrary intermolecular potential ». *Physics of Fluids,* vol. 24, n° 1, p. 011703-011703-6.

Silber-Li, Z, H Cui, Y Tan et P Tabeling. 2006. « Flow characteristics of liquid with pressure-dependent viscosities in microtubes ». *Acta Mechanica Sinica,* vol. 22, n° 1, p. 17-21.

Sreekanth, A. K. 2004. « Transition Flow through Short Circular Tubes ». *Physics of Fluids,* vol. 8, p. 1951.

Takaki, T., K. Satou, Y. Yamanaka et T. Fukuoka. 2004. « Effects of Flange Rotation on the Sealing Performance of Pipe Flange Connections ». In. ASME.

Thompson, PA, et SM Troian. 1983. « A general boundary condition for liquid flow at solid surfaces ». *Astrophys. J,* vol. 271, p. 283-293.

Tison, S. A. 1993. « Experimental data and theoretical modeling of gas flows through metal capillary leaks ». *Vacuum,* vol. 44, n° 11-12, p. 1171-1175.

Tölke, J., C. Baldwin, Y. Mu, N. Derzhi, Q. Fang, A. Grader et J. Dvorkin. 2010. « Computer simulations of fluid flow in sediment ». *The leading edge,* vol. 29, n° 1, p. 68-74.

Tsuji, H., et S. Fujihara. 2001. « Sealing Performance Evaluation Using Gasket Strain Under ROTT/HOTT ». *ASME-PUBLICATIONS-PVP,* vol. 416, p. 83-90.

UNM. 2010. « Brides et leurs assemblages ». SNCT. < http://www.unm.fr/fr/sommaire/actu/2010-01/Actu_PA_Janvier_10_Brides et leurs assemblages.htm >. Consulté le 1 octobre 2011.

Vignaud, J.C., et T. Massart. 1993. « Mesure et calcul du débit de fuite d'un joint en eau et vapeur d'eau - cas d'un joint en graphite expansé matricé ». *3 rd International Symposium on Fluid Sealing*, p. 522-532.

Wikibooks. 2012. « Technologie / Fonctions mécaniques (Étanchéité) ». < http://fr.wikibooks.org/wiki/Technologie/Fonctions_mécaniques >. Consulté le 5 Janvier 2012.

Winter, J. R., et L. A. Coppari. 1996. « Flange Thermal Parameter Study and Gasket Selection ». In. Vol. 2, p. 141-174.

Wu, Y. S., K. Pruess et Persoff. 1998. « Gas Flow in Porous Media With Klinkenberg Effects ». *Transport in Porous Media,* vol. 32, n° 1, p. 117-137.

Xu, B, KT Ooi, C Mavriplis et ME Zaghloul. 2002. « Viscous dissipation effects for liquid flow in microchannels ». In.

Xue, H., Q. Fan et C. Shu. 2000. « Prediction of micro-channel flows using direct simulation Monte Carlo ». *Probabilistic Engineering Mechanics,* vol. 15, n° 2, p. 213-219.

Yin, C. Y., et E. H. Mohanad. 2009. « Simulation of liquid argon flow along a nanochannel: effect of applied force ». *Chinese Journal of Chemical Engineering,* vol. 17, n° 5, p. 734-738.

Zhang, L. Z., et J. L. Niu. 2003. « Laminar fluid flow and mass transfer in a standard field and laboratory emission cell ». *International Journal of Heat and Mass Transfer,* vol. 46, n° 1, p. 91-100.

Zhang, Xunli, Paul Coupland, Paul D. I. Fletcher et Stephen J. Haswell. 2009. « Monitoring of liquid flow through microtubes using a micropressure sensor ». *Chemical Engineering Research and Design,* vol. 87, n° 1, p. 19-24.

Zhou, H.Q., et B.Q. Gu. 2008. « Investigation into Leakage Behavior of Bolted Flanged Connection with Octagonal Gasket ». *Advanced Materials Research,* vol. 44, p. 165-171.

www.ingramcontent.com/pod-product-compliance
Lightning Source LLC
Chambersburg PA
CBHW021042210326
41598CB00016B/1077